おなかがすくほん

著：白山たえ

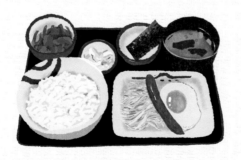

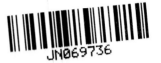

もくじ

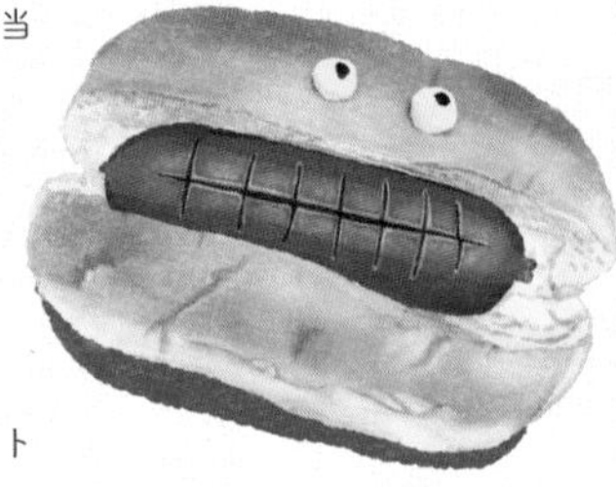

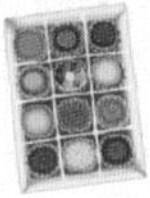

※本書掲載の情報は変更されている場合がございます。各店舗の最新の情報は公式ホームページや公式SNSをご確認ください。
※掲載の商品はお取り扱いのない場合もございます。最新のお取り扱い情報は公式ホームページや公式SNSをご確認ください。
※イラストの記載は実際の商品とは異なる場合がございます。

おでかけ先で

心躍る外出先で出会った食べ物たち。
なかなか出会えないけれど、
そのぶん嬉しさも倍増します。

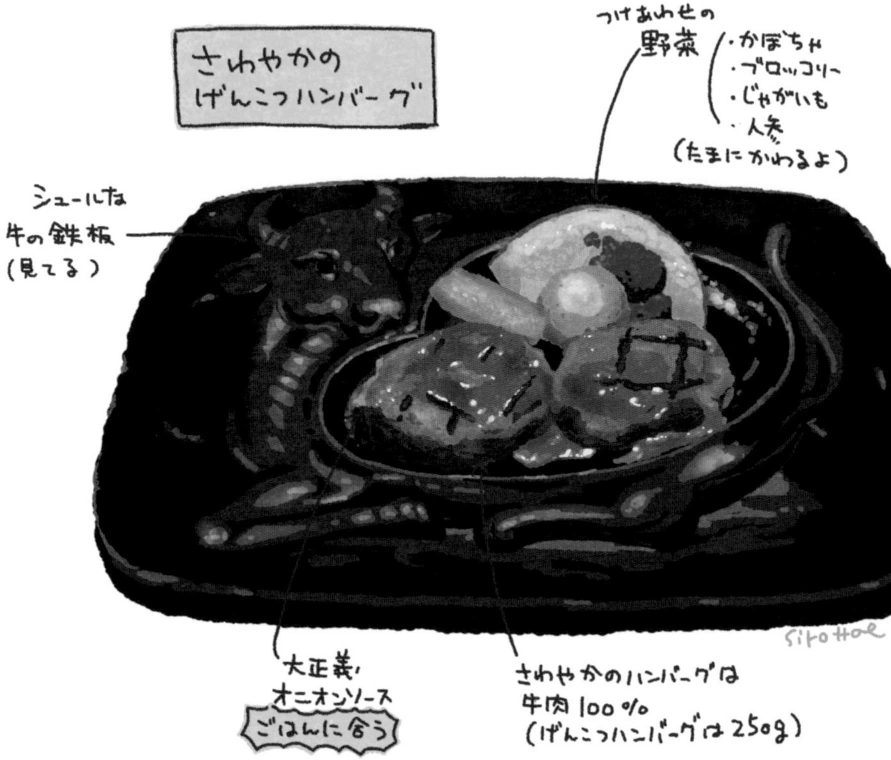
さわやかの
げんこつハンバーグ
つけあわせの
野菜
・かぼちゃ
・ブロッコリー
・じゃがいも
・人参
(たまにかわるよ)
シュールな
牛の鉄板
(見てる)
大正義!
オニオンソース
ごはんに合う
さわやかのハンバーグは
牛肉100%
(げんこつハンバーグは250g)

若かりし頃、多い時には週3～4で通ってた、静岡を代表する炭焼きハンバーグのお店。さわやかの素晴らしいのはたっぷりすぎない肉汁＆赤身を感じる肉肉しいところ。ハンバーグというよりミンチステーキだよなぁこのあらびき肉のかたまり焼きは。あとこのシュールで独特な鉄板！
すき。ストラップとか出たら絶対買う。欲しい…。

炭焼きレストランさわやか

静岡県内 34 店舗

URL：https://www.genkotsu-hb.com

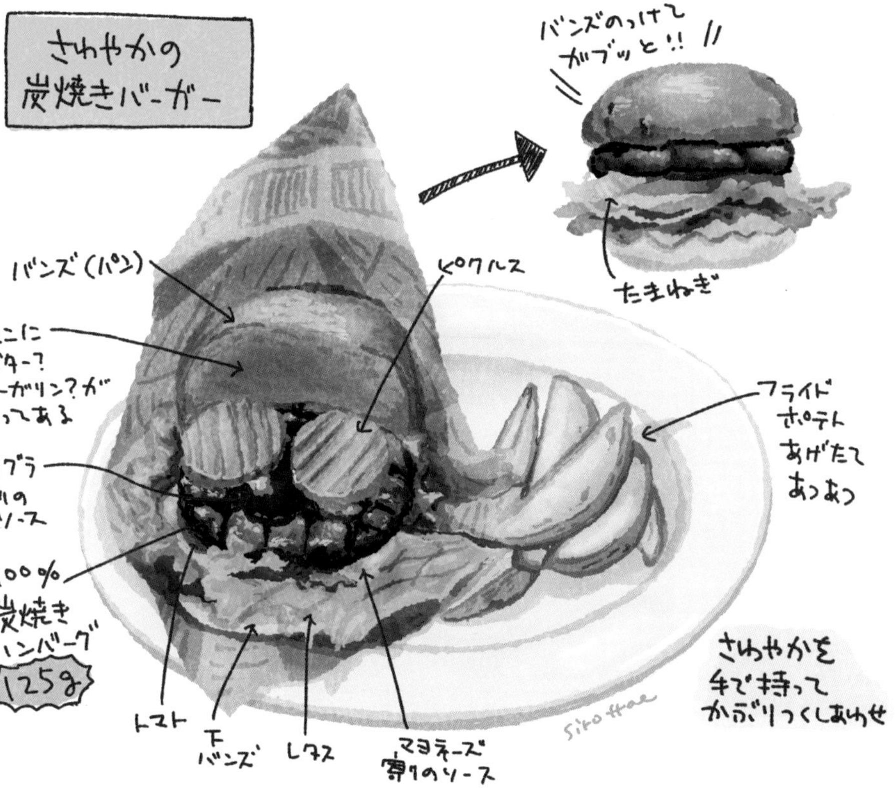
さわやかの
炭焼きバーガー
バンズのっけて
ガブッと!!
たまねぎ
バンズ（パン）
ピクルス
ここに
バター？
マーガリン？が
ぬってある
フライド
ポテト
あげたて
あつあつ
デミグラ
寄りの
ソース
牛100%
炭焼き
ハンバーグ
125g
さわやかを
手で持って
かぶりつくしあわせ
トマト
下
バンズ
レタス
マヨネーズ
寄りのソース

げんこつハンバーグで有名なさわやかの新顔レギュラーメニュー。あのさわやかがバーガーを出した!! ギュッと肉の詰まったハンバーグを主役に据えたバーガーは食べ応え充分！ ソースがさっぱり系なので肉と野菜の味を存分に味わえるグルメみのある味でした。あとさわやかを手掴みで食べた事なかったからちょっぴりドキドキした…背徳感的な…。

炭焼きレストランさわやか

静岡県内34店舗

URL：https://www.genkotsu-hb.com

京が生んださいきょうのカツカレー
キッチンゴン(六角本店)
の
ピネライス
食べ初めから終りまで
強い。ひたすら強いメシ。
おいしい
いっしょについてくる
コーンスープ(クリーミー)
サクサク
とんかつ
ライスは
チャーハン!!
(ハム・玉子・玉ネギ入り)
福神漬け
レタス
ポテト
サラダ
スパイス
的な
粉
ピネライスの
「ピネ」は
フランスの俗語で
「薄いカツ」という意味だそう
カレールーの
湖。
中辛くらいの辛さ
具は溶けこんでる

京都が生んだ庶民の味。京都といえばおばんざいを代表する繊細ご飯のイメージだけどたまにこういう破壊力強い食べ物があるから好き。チャーハンにカツをのせ、カレーをかける。サラダもポテサラ。さいきょうのカツカレーじゃん…。ある意味全ての欲を満たすカレー。何も考えずとにかく無心で食べたくなる。ピネライスはそんな食べ物…。

キッチンゴン本店

京都市中京区六角通高倉東入プラネシア六角高倉 1F
TEL：075-255-5300　　URL：https://kitchen-gon.co.jp

逆チキンライス
サラオの
大人のチキンライス
外は皮パリパリチキンソテー
断面図
うずら
玉子
中は
チキンのうま味を
吸ったピラフ!
チキンライスの
下に野菜。
・きゅうり
・にんじん
・ブロッコリー
・ベビーコーン
ソース
今回は
デミグラス(ビター)
をチョイス。大人のほろ苦さ。

見た目はソテー！ 中身はピラフ！ その名は「大人のチキンライス」！ …初めてその存在を知った時「こうきたかー!!」と衝撃を受けたチキンライス。チキンの中にごはん！ イン・ザ・ライス！ 中で鶏の旨味を吸ったピラフは柔らかめだけどなんだか優しい味でした。ご飯ものなのにメイン料理みたいな。これをご飯で食べたいけど中にご飯が（混乱）

レストラン&カフェ サラオ -SALAO-

京都府京都市中京区亀屋町 379-1 コンフォール御池フォルテ 1F

TEL：075-213-0201　　URL：http://kyotosalao.com

とん茶の食べ方
ごはんを半分くらい
たべたら…
とんかつ、キャベツ・つけものを
のせてお茶かける!
ザバ
できあがり
コレを
待ってた!!
とんかつ、茶づけの時に
のせやすいようカットしてある!!
茶漬け用
緑茶
茶づけで味が
うすくなった時用の
タレ
きざみのり
しじみのみそ汁
おかわりOK
ごはん
(おかわりOK)
つけもの
(大根・高菜、
うめぼし)
おかわりOK
とんかつ
ゆでキャベツ
※おかわり時
キャベツのみ
味変可!!
とんかつのタレ
すずやのとんかつ茶漬け
タレは
・しょう油
・からしじょう油
・にんにくしょうがじょう油
から 選べるよ。
からしじょう油
味がすき♡
タレは からしじょうゆ味にしたよ。

あの歌舞伎町一番街門の真横というなんかすごい場所にあるお店。あっさりしたい時にお茶漬けというキャラを真逆からぶん殴ってくるヘビー級茶漬け。パンチ強いかと思いきやかつ衣の油と漬物の塩っけを緑茶がうまくまとめてて食べてみると意外とあっさり。でもとんかつ乗ってるし…でも…と思っているうちに完食してるんだよなぁ…ふしぎ。

すずや（新宿本店）

東京都新宿区歌舞伎町 1-23-15 SUZUYA ビル 5 階

TEL：03-3209-4480　URL：https://www.toncya-suzuya.co.jp

横浜中華街
謝甜記 2号店の
什錦魚生粥(ごもくかゆ)
油条(中華あげパン・オプション)
ちぎってお粥につけてたべるの好き♡
ネギ
スライス
油条
シューマイ
ガリ
しょうゆネギ
たまに
お粥にのせて
味変できるよ
おいしい
どんぶりに並々と入った粥
貝柱、カキ、鶏などといっしょに
炊かれたしっかり味の中華のおかゆ
お粥を
掘ると出てくる
五目な具
(エビ、白身魚
イカ、青菜)
謝甜記 貳号店

横浜中華街にあるお粥屋さん。しっかり味のついた粥の滋味溢れる感はお粥というより米のポタージュ。掘ると出てくる具を混ぜ混ぜしたり醤油ネギや焼売で味変してみたり。単調にさせないぜ！ というお店の気合を感じつつお腹に優しく満腹になっちゃう満足感。本店も好きだけど早朝open＆焼売ついてくるのは貳号店…なんだからねっ…!!

謝甜記貳号店

神奈川県横浜市中区山下町 189-9 上海路 辰ビル 1 階

TEL：045-664-4305　URL：http://www.shatenki-nigouten.co.jp/shop

丁子屋のとろろ汁
静岡のとろろの味。
麦ごはん
(おかわり自由)
とろろ
たたみいわし入り
みそ汁
みそベースでのばした
自然薯の
とろろ汁
お新香
とろろ汁に
かける
薬味
ネギ
食べ方
麦めし1/3くらい
とろろをたっぷりかけて
ねぎをちらしてずずずとかっこむ!!
たまらない
sikotae

1596年創業の超老舗とろろ汁屋。「ちょうじや」と読みます。静岡の一部地域では山芋を味噌汁でのばしとろろ汁を作るんだけれどココはそのタイプ。自然薯山芋の×味噌味のダブルワイルド=野趣あふれるとろろ汁が食べられます。昔ここのとろろ汁が好きすぎてそのまま飲んだおもひで。(´-`).oO(とろろは飲み物…。

丁子屋

静岡県静岡市駿河区丸子7丁目-10-10
TEL：054-258-1066　URL：https://chojiya.info

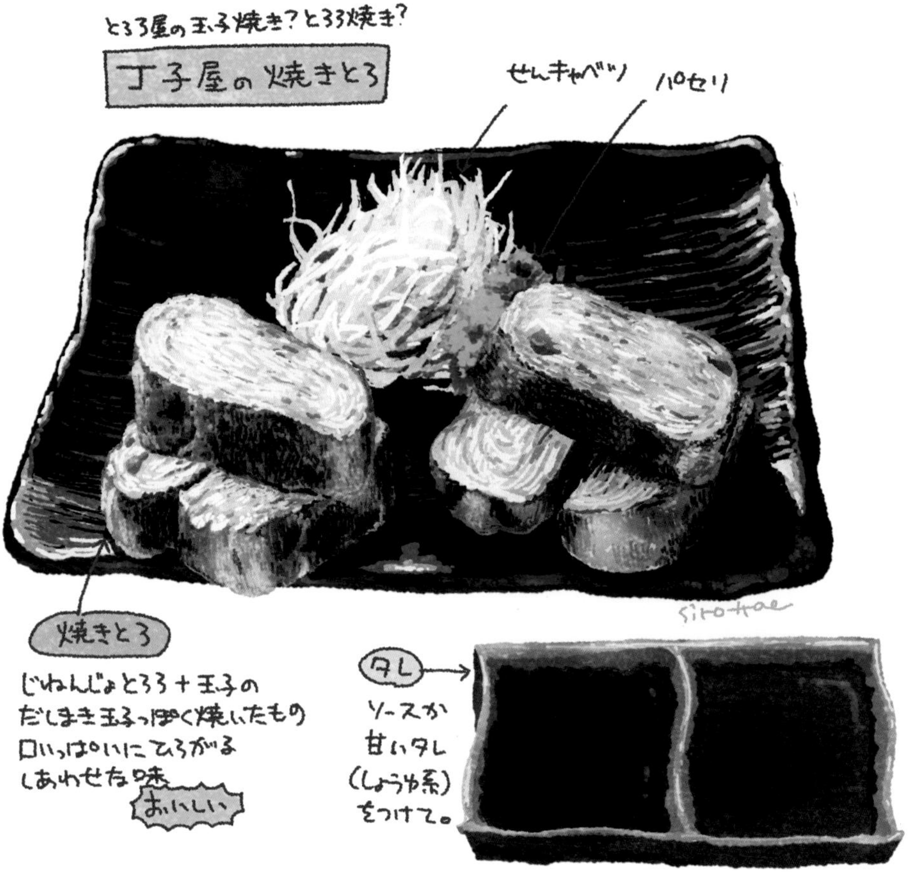
とろろ屋の玉子焼き？とろろ焼き？
丁子屋の焼きとろ
せんキャベツ
パセリ
焼きとろ
じねんじょとろろ＋玉子の
だしまき玉子っぽく焼いたもの
口いっぱいにひろがる
しあわせな味
おいしい
タレ
ソースか
甘いタレ
(しょうゆ系)
をつけて。
sirotae

丁子屋のとろろ汁を頼む時必ず一緒に注文するサイドメニュー。玉子ととろろと何かを混ぜて焼いた山芋薫るとろりふわふわ玉子焼き的な食べ物。口いっぱいに広がったのち鼻に抜ける自然薯山芋の幸せ風味。息止めて一人占めしたい。そして専用タレの絶妙な脇役ぶり！　君たちがいるから焼きとろは光り輝くのだ…拍手…。

丁子屋

静岡県静岡市駿河区丸子７丁目 -10-10
TEL：054-258-1066　　URL：https://chojiya.info

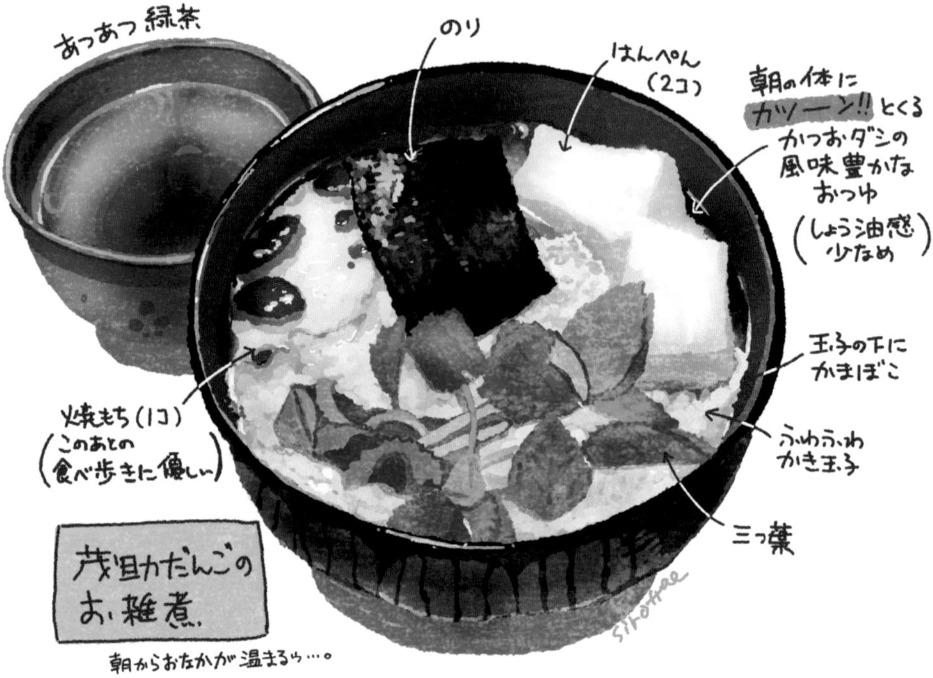
あつあつ緑茶
のり
はんぺん
(2コ)
朝の体に
カツーン!!とくる
かつおダシの
風味豊かな
おつゆ
(しょう油感
少なめ)
玉子の下に
かまぼこ
ふわふわ
かき玉子
三つ葉
焼もち(1コ)
(このあとの
食べ歩きに優しい)
茂助だんごの
お雑煮
朝からおなかが温まるぅ…。

※この器は豊洲移転前のもの

豊洲といえば寿司？ 海鮮丼？ いや雑煮っしょ。豊洲で雑煮。粋じゃねぇかてやんでぃ！ 早朝からopenの一年中食べられるお雑煮はかつおダシが香るあっつあつのおつゆの中にかまぼこ、はんぺん、かき卵。入ってるお餅は一つ。この餅一つという量がこの後の市場食べ歩きに優しくありがたい！ 雑煮らぶ。小腹を満たしたらさあお寿司食べにGo!!

茂助だんご 豊洲市場

東京都江東区豊洲 6-6-1 管理施設棟 302
TEL：03-6633-0873　URL：https://www.mosukedango.com

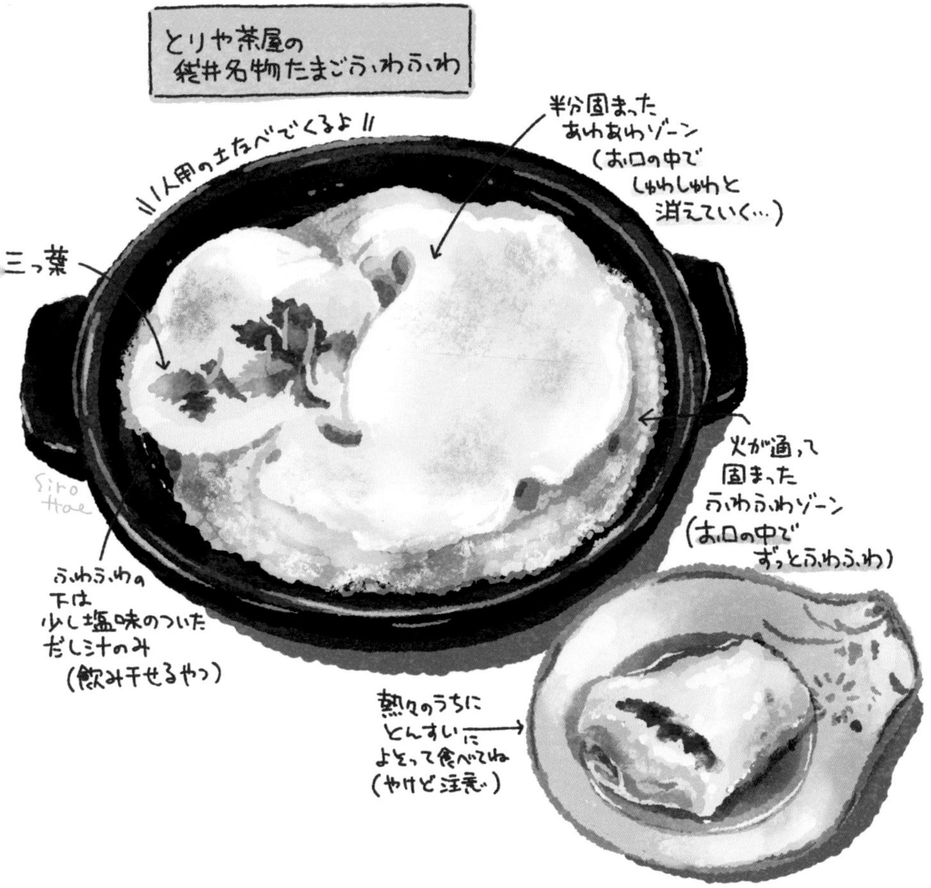
とりや茶屋の
袋井名物たまごふわふわ
1人用の土なべでくるよ
半分固まった
あわあわゾーン
(お口の中で
しゅわしゅわと
消えていく…)
三つ葉
火が通って
固まった
ふわふわゾーン
(お口の中で
ずっとふわふわ)
ふわふわの
下は
少し塩味のついた
だし汁のみ
(飲み干せるやつ)
熱々のうちに
とんすいに
よそって食べてね
(やけど注意)

静岡西部の街、袋井市が推すB級グルメ。江戸時代に食べられていたものを復活させたという食べ物は余分なものは一切入らず玉子とだしと三つ葉とふわふわだけの世界。口に広がるあつあつとふわふわとぷるぷる。私は今玉子味の綿か雲を食べている…。江戸時代にこれ食べたらこれ食べたさに旅に出たくなる。旅立ちたいふわふわのために…。

遠州味処 とりや茶屋

静岡県袋井市高尾町 15-7
TEL：0538-42-2427

こんなふうに
ゴマだれとあえた
切り身とのり.あられ.わさびを
のせてダシかけて茶づけに
する。
お茶づけだし
玉子焼
つけもの
ごはん
のり
ぶぶあられ
わさび
鯛の切り身
ゴマだれあえ
寿司清 東京駅グランスタ店の
鯛胡麻だれ朝食セット

東京駅ナカグランスタ内にあるお寿司屋さんの朝定食。朝っぱらから鯛とはめでてぇ！ 胡麻だれを絡めた鯛の切り身をそっとご飯の上に載せ、目が覚めるアツアツ出汁をざぶざぶとかけてざざざっと一気にかっこむ！
そして口やけど――――！ 熱――い！ 良い子は真似せずスプーンですくって味わいながらゆっくり食べてね。約束だょ…。

築地寿司清 東京駅グランスタ店

東京都千代田区丸の内 1-9-1 東京駅改札内地下 1F グランスタ内
TEL：03-5220-6865　URL：http://www.tsukijisushisay.co.jp/store/tokyo.html

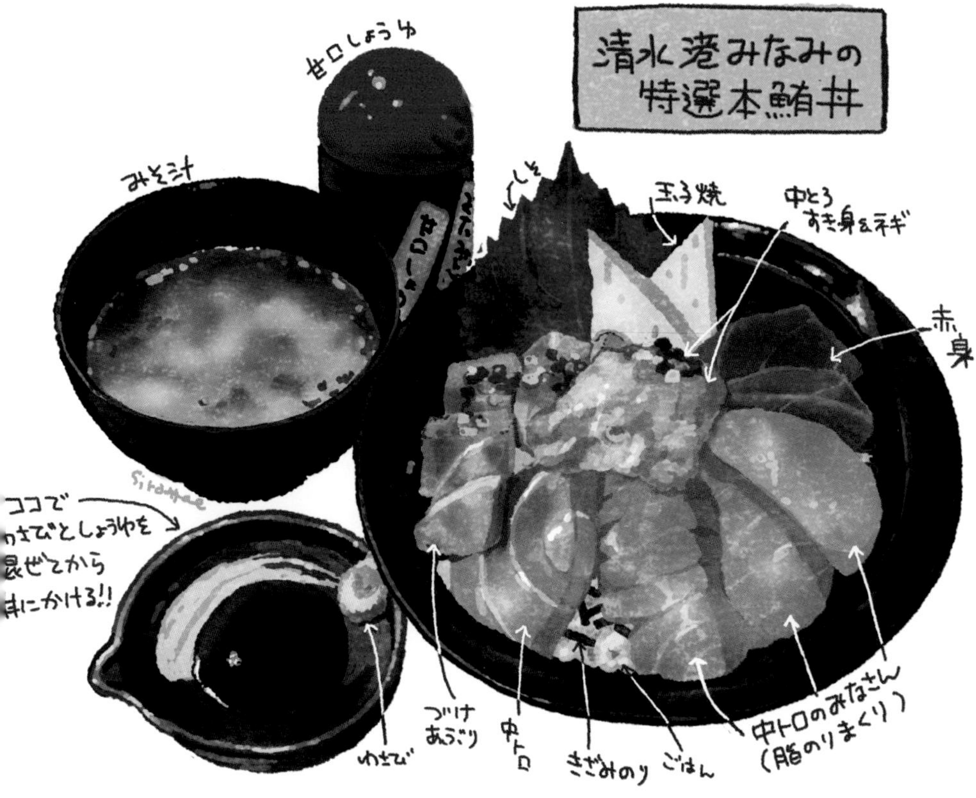

その時私の背中に電流走る──！ まさか静岡駅徒歩５分に鮪丼の竜宮城があるなんて…ッ！ かなり並ぶけど並んだ先でウェルカムしてくれるのはタイやヒラメでなく本マグロ様。刺身の上品な脂の艶やかさ…桜色の中トロ…見た目の美しさもさることながら味、絶品。舌の上でとろけてオサシミはあああん!! 刺身に色気を感じる日がくるとは…。

清水港 みなみ

静岡県静岡市駿河区森下町 1-41 タイヨウビル２F
TEL：054-288-0232　URL：https://shimizukominami.eshizuoka.jp

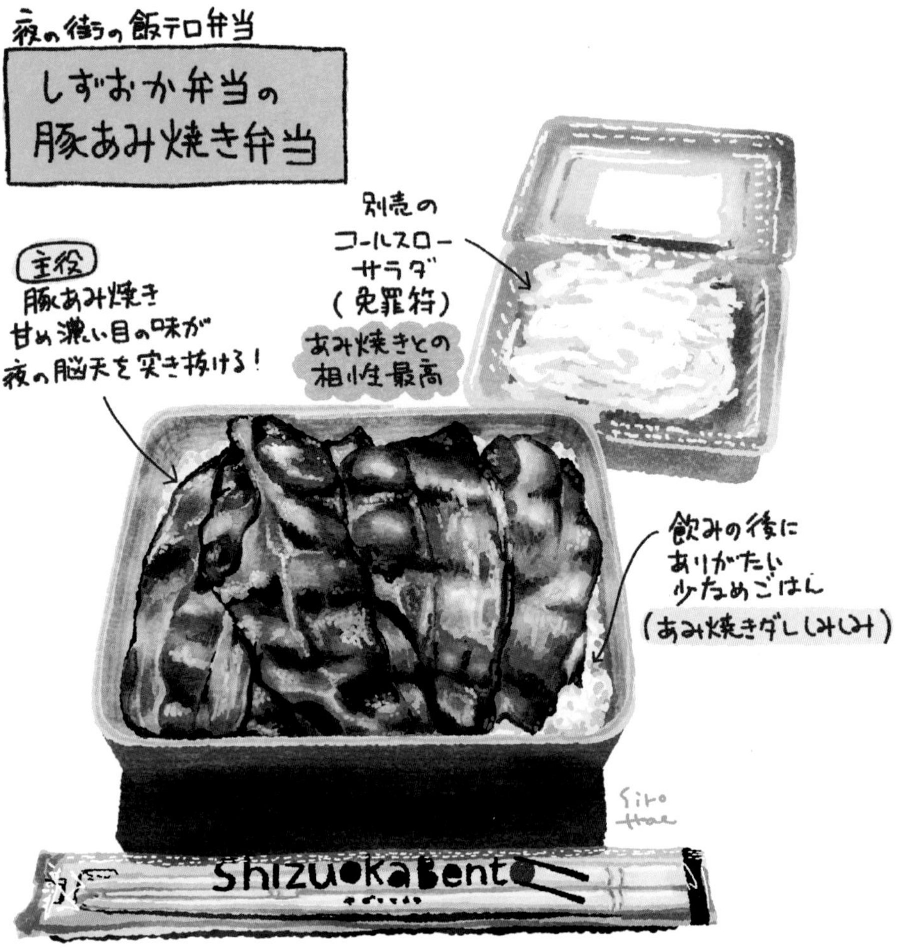
夜の街の飯テロ弁当
しずおか弁当の
豚あみ焼き弁当
主役
豚あみ焼き
甘め濃い目の味が
夜の脳天を突き抜ける！
別売の
コールスロー
サラダ
（免罪符）
あみ焼きとの
相性最高
飲みの後に
ありがたい
少なめごはん
（あみ焼きダレしみしみ）
ShizuokaBento

静岡市街の夜の街エリアで午前3時まで営業している弁当屋の飯テロ看板メニュー。冷えても美味しい豚のあみ焼きの下にはタレしみしみのご飯。お口直しと野菜補充にコールスローも買うといいよ…（免罪符）翌朝用に買ったはずがこのビジュアルを見たらまぁ食べちゃうよね。深夜に食べる焼肉って美味しいよね…罪の味…。

静岡弁当

静岡県静岡市葵区両替町 2-7-13 静岡ユーアイホテル 1F
TEL：054-252-6027　　URL：https://www.shizuokabento.com

多摩動物公園の焼きおにぎり弁当
← 園内で食べられるよ。
コーン
からあげ（2コ）
焼きおにぎり
大満足の2コ入り！
プチトマト & ゆでブロッコリー
野菜だいじ
すり身のれんこんはさみあげ
多摩動物公園の動物たちの箸袋
かわいい

園内で食べられるあったかフード。おにぎり系弁当に野菜が入っているだけでも奇跡に近いのにごはんに唐揚げおかずにコーンと彩りも豊か！ 外で食べるおにぎりは美味しい。わかってる…わかってるじゃないですか多摩動物公園…！ お外で空を見ながら食べるおにぎり、最高でした。ココロが開放されてゆくぅ…。

多摩動物公園

東京都日野市程久保 7-1-1

TEL：042-591-1611　　URL：https://www.tokyo-zoo.net/zoo/tama

麺闘庵の
巾着きつね
うどん
巾着の中は
もっちりうどん
(具なし)
おあげを
しばっている
ネギ
超巨大
巾着きつね
関西の
うどんつゆ
ねぎ

高速よもぎ餅屋の角曲がってすぐのところにあるうどん屋さん。特注の超巨大おあげにうどん1玉分が入った見た目に楽しい「逆きつねうどん」おあげパッカーン！ の瞬間がとにかく楽しい！ フォトジェニック！ 巾着に甘い味がついていないのですごくシンプルにおうどんを味わえます。巾着をネギで縛るのは目からウロコでした。こんど家で餅巾着作るときやってみよ…。

麺闘庵

奈良県奈良市橋本町 30-1

TEL：0742-25-3581

バリ勝男《かつお》クン。
焼津のかつおぶしメーカーが作ったかつおのつま…スナック。酒にとても合うスナック。
本体
厚めにスライスしたかつお節に味つけてパリッパリにしてある。パリッパリ!!
白ゴマ
バリ勝男本体
ピーナッツ

かつお節メーカーが作った静岡みやげの風雲児。厚めスライスのかつお節に味をつけてパリッパリにしたかつおチップスにピーナッツ。柿ピー感覚で食べる鰹節。その内容からおやつにもおつまみにも。やだカッコイイ…しかも彼、メインがかつおのためなかなかの低糖質フード。糖質気にしてる方のお土産としてかなり優秀なんです。やだイケメン…。

勝男クン。オンラインショップ

URL：https://sealuck.shop-pro.jp

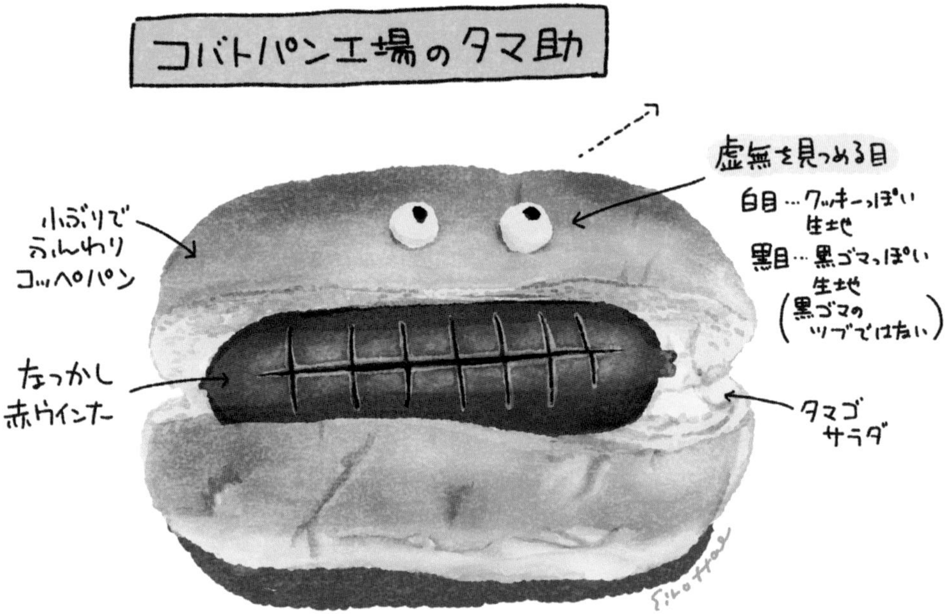
コバトパン工場のタマ助
小ぶりで
ふんわり
コッペパン
虚無を見つめる目
白目…クッキーっぽい
生地
黒目…黒ゴマっぽい
生地
（黒ゴマの
ツブではない）
なつかし
赤ウインナー
タマゴ
サラダ

大阪へ行った時、宿泊先付近のパン屋を検索中、画像から目が合ったので。目が合ったら買うしかない。かわいい佇まいの店舗に入るとすぐにヤツが目を合わせてきました。買いました。小さいコッペの中に玉子サラダと懐かしの赤ウインナー。可愛さとおいしさを全部持ってく虚無を見つめる目。食べる時目が合いました。最後まで目を合わせてくるねタマ助…。

COBATOPAN FACTORY - コバトパン工場本店 -

大阪府大阪市北区天満 3-4-22 日宝岩井町ビル 1 階
TEL：06-6354-5810　　URL：http://baton-group.com

ゼレンシック
ZELENSHCHIK
の
ポリ茶瓶入りチャイ
ポリチャイびん…
針金の持ち手
(情緒)
なみなみと入ったチャイ
(甘さかなりひかえ目)
ビンはフタ閉めていても
傾むけ厳禁!!
まっすぐ持ってね
観光で静岡に
来る方は
"こういうもの"を
求めてるような
気がする…!
茶
フタにチャイを注いで
しずしずと少しずつ
飲むとオツな感じ

静岡にあるテイクアウト専門ビリヤニ弁当店のドリンク。見たことある人もない人も旅情を感じるポリ茶瓶にチャイを！入れるなんて!! こういうの待ってたありがとうございます!! 本体のチャイは甘さかなり控えめ味濃いめ。グビッと行くのもいいけど蓋に注いでちびりちびりやるのもオツな感じ。むしろそっちで飲んでほしい。あ！ 傾け厳禁だからねっ!!

ゼレンシック（ZELENSHCHIK）

静岡県静岡市葵区鷹匠 3-7-25 鷹匠銀河ビル A 号

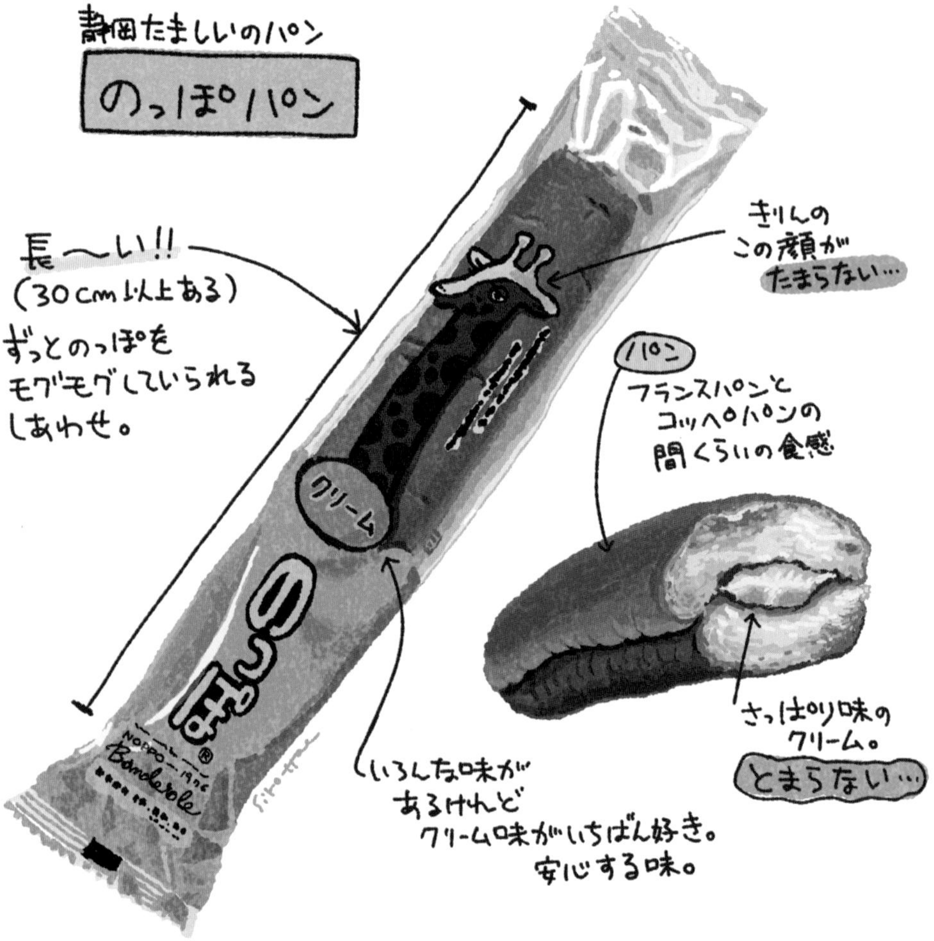
静岡たましいのパン
のっぽパン
長〜い!!
(30cm以上ある)
ずっとのっぽを
モグモグしていられる
しあわせ。
きりんの
この顔が
たまらない…
クリーム
のっぽ
NOPPO 1976
Banderole
パン
フランスパンと
コッペパンの
間くらいの食感
さっぱり味の
クリーム。
とまらない…
いろんな味が
あるけれど
クリーム味がいちばん好き。
安心する味。

長さ30cm越えの静岡ローカルパン。育ち盛りの頃めっちゃお世話になりました。長かったからよくカバンの中でへし折れてたなぁ…そして上京し東京のスーパーでは売っていないことを知り愕然とするまでが静岡県民あるある。似たような味はあるんだけどこの絶妙なバランスはのっぽならではだと思うんです。素朴だけれど替えの無いパンというか。

バンデロール

URL：https://www.banderole.co.jp

キリンちゃんパン

静岡にいる「もう1匹のキリン」

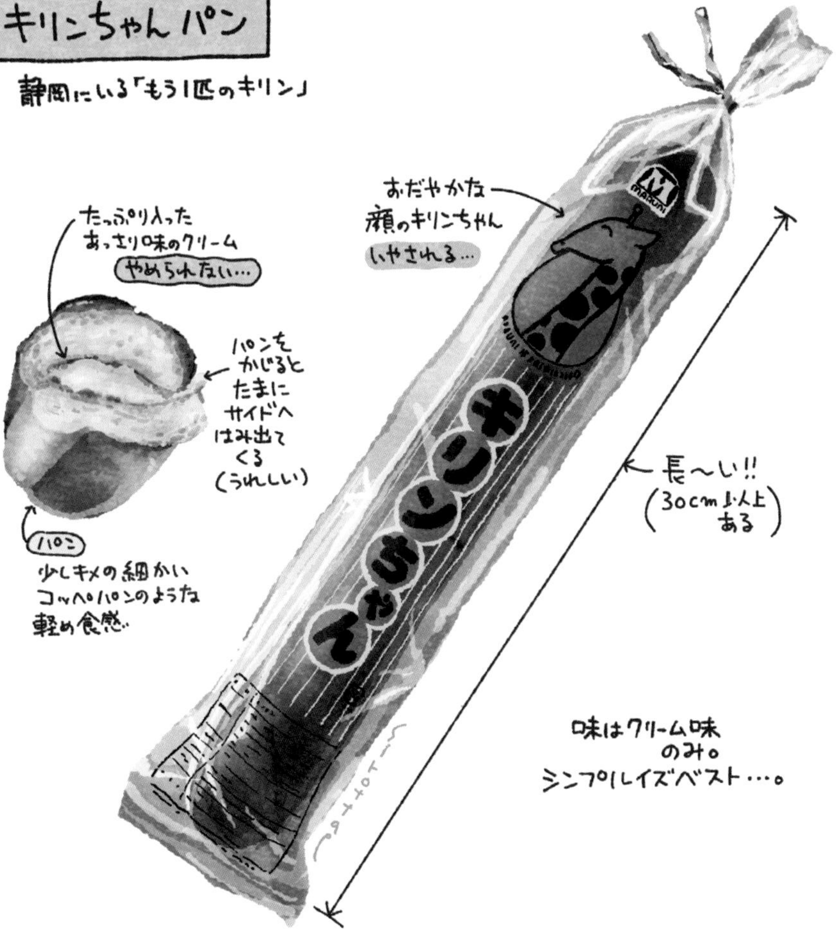
たっぷり入った
あっさり味のクリーム
やめられない…
パンを
かじると
たまに
サイドへ
はみ出て
くる
(うれしい)
パン
少しキメの細かい
コッペパンのような
軽め食感
おだやかな
顔のキリンちゃん
いやされる…
MARUNI
キリンちゃん
長〜い!!
(30cm以上
ある)
味はクリーム味
のみ。
シンプルイズベスト…。

ご存知だろうか。静岡には二匹の「キリン」がいることを…。1匹目は「のっぽパン」そしてもう1匹がこちら「キリンちゃん」である。生態を確かめるため私は伊豆へ飛んだ…。パッケージの穏やかな顔に癒されつつ30センチ越えの長ーいパンにたっぷり入ったあっさり味クリーム。1匹目と似ているけれど味はキリンちゃんの味でした。また出会いたい…。

丸二製菓

TEL：0558-22-2481

法多山《はったさん》の厄《やく》除《よ》け団子

地元のお茶
いつもの
月イチレア
期間限定
?
桜だんご
厄除けだんご
茶だんご
こしあんと
つぶあんの
中間くらいの
あんこ
だんご
本体の
モチ
甘くない
切りはなし時 たまに
あんこが
おいてけぼりに
なる
情緒。
びょーん
1本ずつ
切りはなして
食べるよ。

袋井市のちょい山奥にあるお寺の名物だんご。串5本の個性的な団子の上にザッと塗られた餡がシンプル。これを一つずつ切り離しながら食べるのが楽しいんだ…ちなみにこの団子、法多山でしか売っていない上に消費期限当日、通販なしという鮮度重視のお団子のためある意味かなりレア団子。いつかスーパーレアの桜だんごを食べてみたい！

厄除観音 法多山 尊永寺

静岡県袋井市豊沢 2777

TEL：0538-43-3601　URL：http://www.hattasan-dango.com

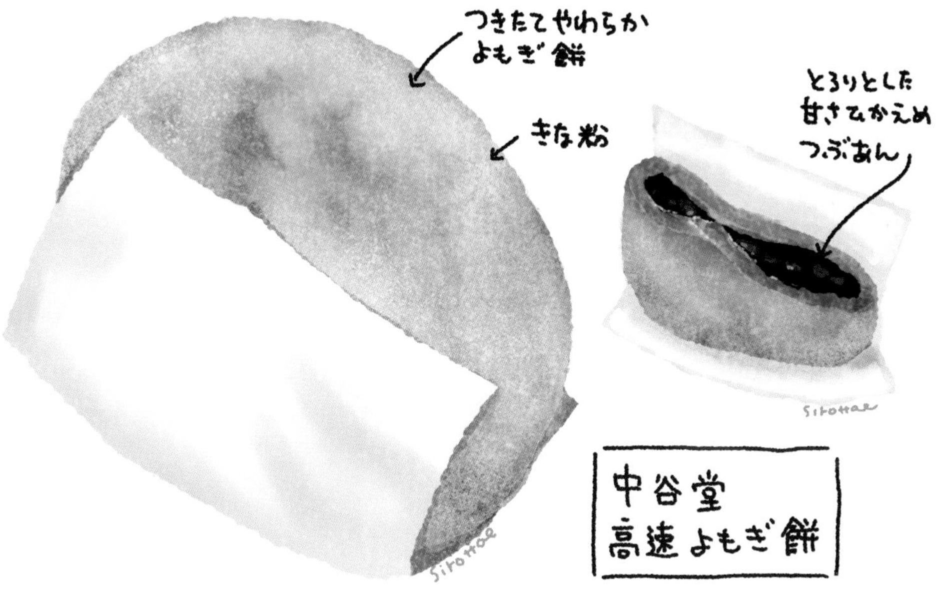
つきたてやわらか
よもぎ餅
きな粉
とろりとした
甘さひかえめ
つぶあん
Sirotae
Sirotae
中谷堂
高速よもぎ餅

「高速餅つき」で有名なお店。メニューはよもぎ餅一択。よもぎ餅を高速でつき即あんこ入り餅にし、ソッコー販売するという餅つき以外も色々と高速な餅屋さん。つきたてのお餅は柔らかくほんのり温かく、みよーんと伸びて赤ちゃんのほっぺみたいなもちもち餅でした。あんこが甘さ控えめなのもかなり好み。ペロリといけちゃう(´ω`)

中谷堂

奈良県奈良市橋本町 29

TEL：0742-23-0141　URL：http://www.nakatanidou.jp/

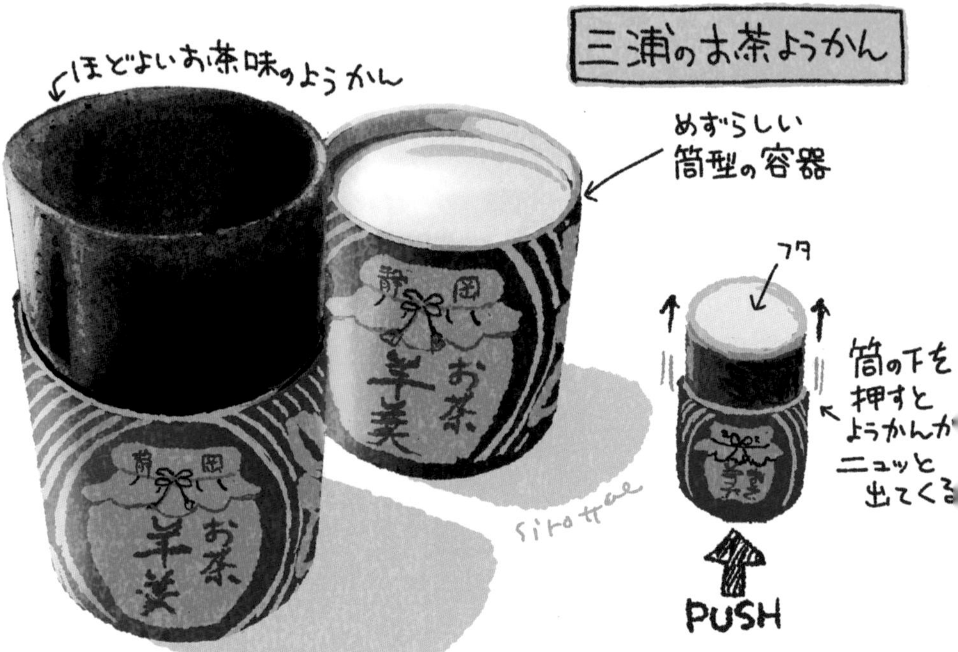
三浦のお茶ようかん
ほどよいお茶味のようかん
めずらしい
筒型の容器
フタ
筒の下を
押すと
ようかんが
ニュッと
出てくる
PUSH
お茶
羊羹

島田の山奥、川根の製菓店が作ってる羊羹。静岡のお土産売り場でやたら見かけるこの羊羹、開封(?)の仕方が下からニュッと押し出すタイプの開け方。たのしい。そして押し出す→フタとる→まるかじり。ワイルド。
味はほのかでしっかりした煎茶系のお茶の味。控えめ感がよい。蓋の真下あたりにある羊羹フチのカリカリした所もひそかに好き…。

三浦製菓

静岡県島田市川根町家山 717-5（菓子処 三浦）

TEL：0547-53-2073　URL：http://chayoukan.com

ななやの
抹茶ジェラート
ダブル。
←まん中に
突き立つ
スプーン
濃さ：No.1
やわらか抹茶味
クリーミー。
濃さ：No.7
(MAX)
超抹茶味。
超ビターな味。
私はこっちの
方が好き。

藤枝のお茶屋が始めたジェラート屋のアイス。抹茶味には番号が振ってあり一番濃いのはNo7(ななやだから…？)。今回は一番控えめNo1とダブルで注文。No7は例えるならカカオ80%位のチョコ的な。濃いけど攻撃してこない感じの苦味。7の前ではNo1はまるで赤ちゃん。スイート。あと7と1の境界線に審判のごとく刺さってるスプーン。すき。

ななや（藤枝店）

静岡県藤枝市内瀬戸 141-1
TEL：054-646-7783　URL：https://nanaya-matcha.com

まるたやのあげ潮

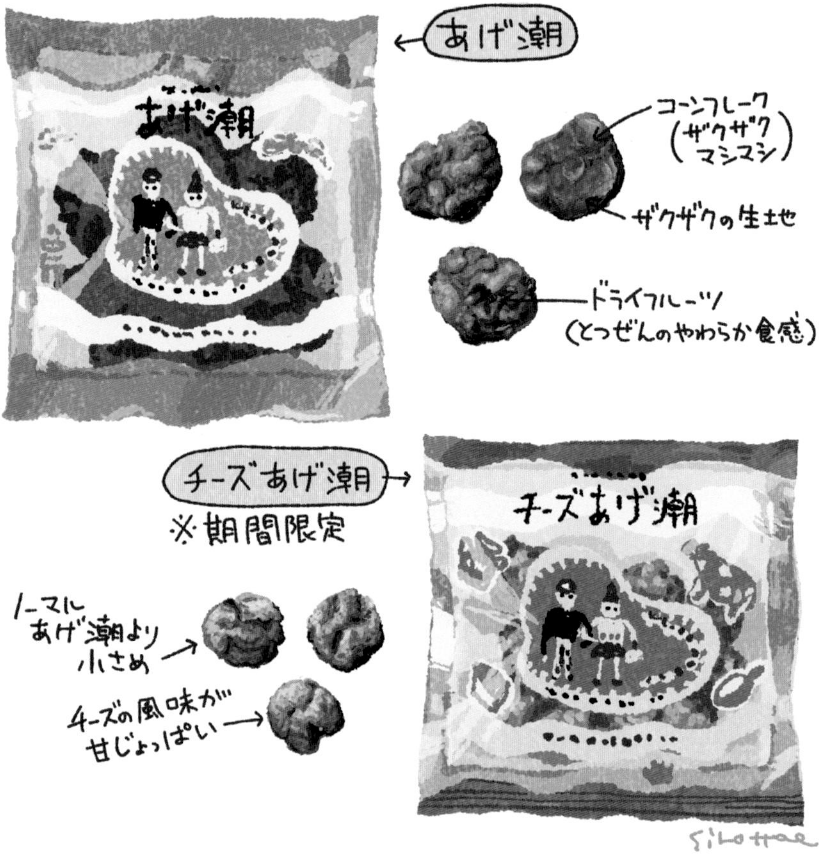
あげ潮
あげ潮
コーンフレーク
(ザクザクマシマシ)
ザクザクの生地
ドライフルーツ
(とつぜんのやわらか食感)
チーズあげ潮
※期間限定
チーズあげ潮
ノーマルあげ潮より小さめ
チーズの風味が甘じょっぱい

素朴なパッケージと大容量ゆえにあまり目立たない存在の静岡のお菓子。それが西部エリアにさしかかったあたりからパッケージと量がかわいく大変身！ 小袋仕様の「一人用あげ潮」がちらほらと出始めるんです。女子。女子を感じる。KAWAII！ 味も小袋だからか色んな味がちらほらと。女子心つかみまくりです。色々な味を買って食べ比べたいー！

まるたや洋菓子店

静岡県浜松市中区神田町 367

TEL：053-441-9456　　URL：https://www.marutaya.net

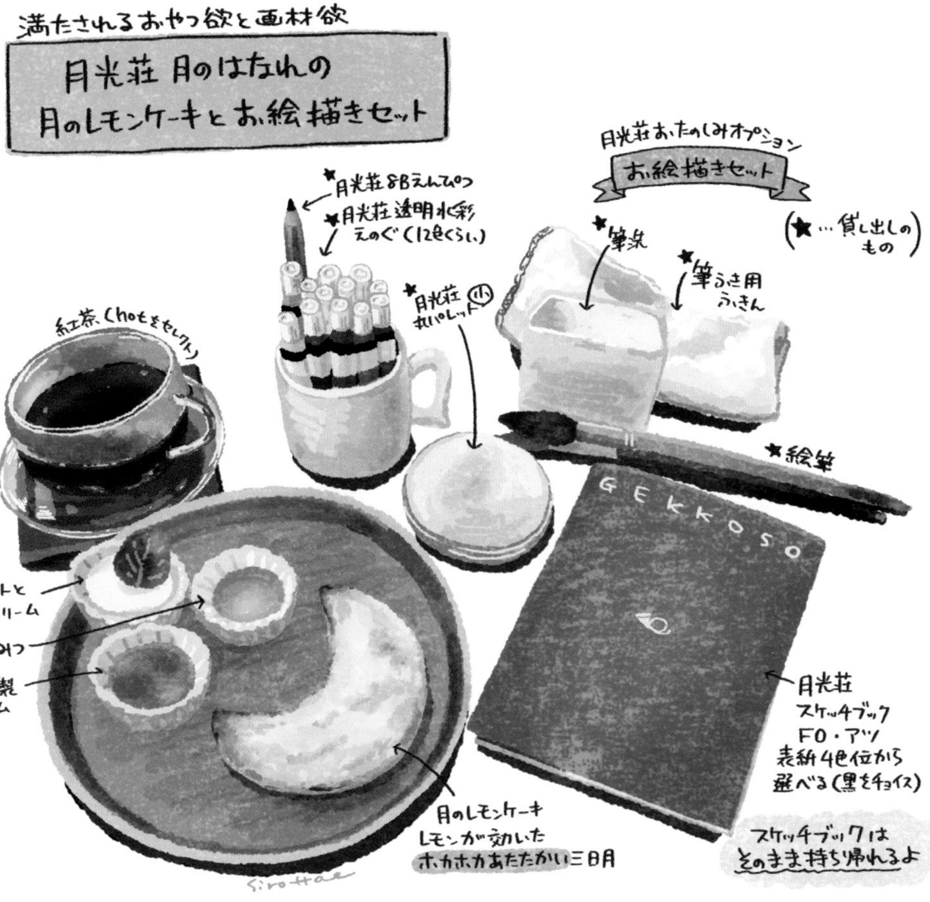
満たされるおやつ欲と画材欲
月光荘 月のはなれの
月のレモンケーキとお絵描きセット
月光荘おたのしみオプション
お絵描きセット
（★…貸し出しのもの）
★月光荘8Bえんぴつ
★月光荘透明水彩えのぐ（12色くらい）
★月光荘 小 丸パレット
★筆洗
★筆ふき用ふきん
★絵筆
紅茶（hotをセレクト）
ミントと生クリーム
はちみつ
自家製ジャム
GEKKOSO
月光荘スケッチブック F0・アツ 表紙4色位から選べる（黒をチョイス）
月のレモンケーキ レモンが効いた ホカホカあたたかい三日月
スケッチブックはそのまま持ち帰れるよ

銀座にある画材屋月光荘。そこから少し歩いたところにある月光荘のカフェのメニュー。カフェでふと絵を描いてみたくなることってないですか？ここはオプション頼めばあの月光荘さんの画材を使ってできるんです。しゅごい。しかもスケッチブックはそのまま持ち帰れる！最高。銀座の片隅で満たされていくおやつ欲とお絵描き欲と画材欲。ああ幸せ…。

月のはなれ

東京都中央区銀座 8-7-18 月光荘ビル 5 階

TEL：03-6228-5189　　URL：http://tsuki-hanare.com

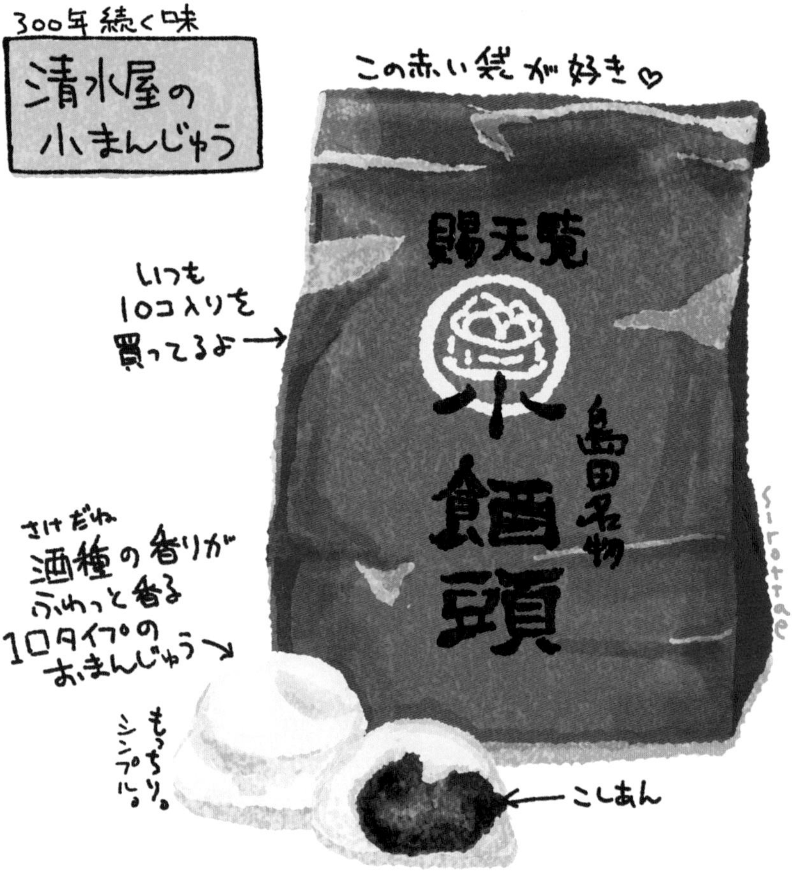
300年続く味
清水屋の小まんじゅう
この赤い袋が好き♡
賜天覧
小饅頭
島田名物
いつも10コ入りを買ってるよ→
酒種《さけだね》の香りがふわっと香る1口タイプのおまんじゅう→
もっちり。シンプル。
こしあん

島田市で300年以上続く超老舗菓子店のおまんじゅう。清水屋といえば黒大奴(くろやっこ)が有名だけど店始めたきっかけが饅頭だそう。「愛されて300年以上」のパワーワード感。つよい。ほんのりお酒風味の皮と甘すぎないこしあんと1口タイプの大きさが好きで、お店の近くを通りかかると必ず買っちゃう。そして気がついたら食べ終わってる…。

清水屋(本店)

静岡県島田市本通二丁目 5-5
TEL：0547-37-2542　URL：https://www.komanjyuu.jp

清水屋の浮月《ふげつ》
断面図
こまかくカットされたチーズ
目の細かいスポンジ生地
バタークリーム
銘菓
浮月
fugetsu
ここのポッチ(?)が好き
この模様何なのかずっと気になってる…

島田市で300年以上続く超老舗菓子店の洋菓子的お菓子。目の詰まったスポンジ生地の間に刻みチーズ+バタークリーム。ほろしょっぱくて、あっという間に食べちゃう。小饅頭も大好きだけど浮月も大好き。
好きすぎて1個じゃたりない…！　小饅頭を買う時流れるように数個いっしょに買ってます。全て自分用。1個で止めるなんてできない…ッ！

清水屋（本店）

静岡県島田市本通二丁目 5-5
TEL：0547-37-2542　　URL：https://www.komanjyuu.jp

追分だんごの
クリーム
宇治金時
バニラ
アイス（黄色つよめ）
つぶあん
ほろ苦い
抹茶シロップ
フワフワ
かき氷
とどめの
つぶあん

新宿にある老舗だんご屋の喫茶室で食べられる夏季限定のかき氷。暑い！冷たいものが食べたい！ という時に頼み、静かにふわふわかき氷登山を開始。抹茶シロップの中腹から攻め、頂上にある粒あんとお月様のような色のバニラアイスをアクセントに。体が中から涼しくなっていく〜…底の粒あんのシメ感も嬉しい。ああ…よい登山だった…。

追分だんご本舗

東京都新宿区新宿３丁目1-22

TEL：03-3351-0101　　URL：https://oiwakedango.co.jp

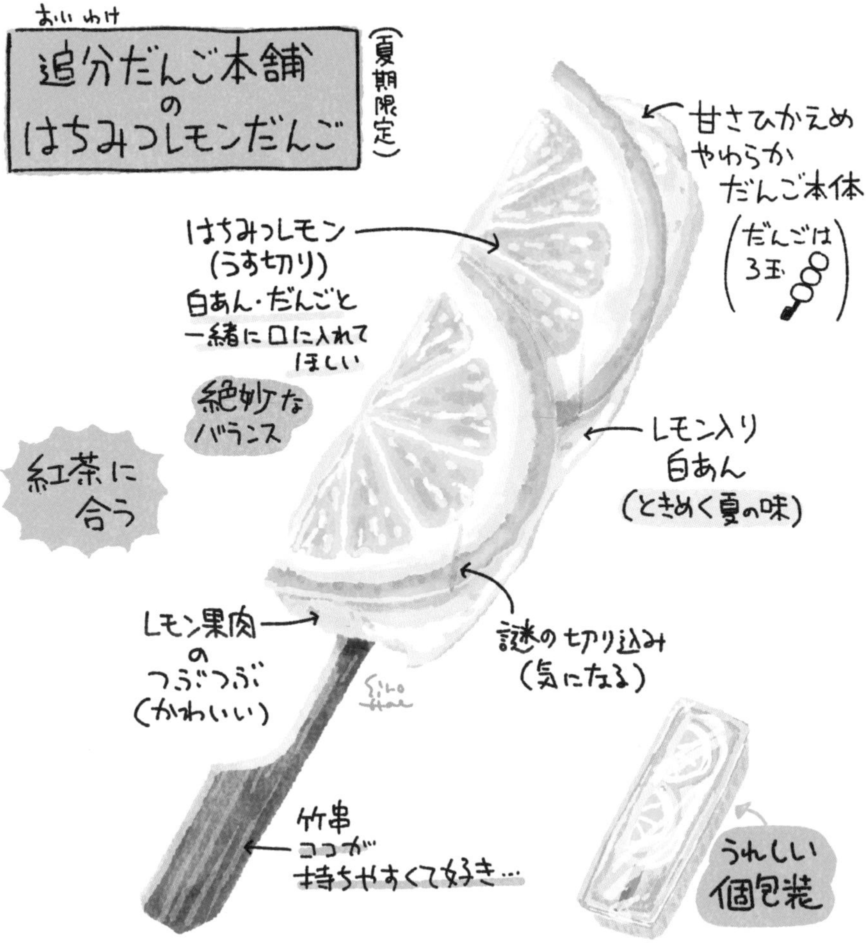
追分《おいわけ》だんご本舗
の
はちみつレモンだんご
（夏期限定）
甘さひかえめ
やわらか
だんご本体
（だんごは
3玉）
はちみつレモン
（うす切り）
白あん・だんごと
一緒に口に入れて
ほしい
絶妙な
バランス
紅茶に
合う
レモン入り
白あん
（ときめく夏の味）
レモン果肉
の
つぶつぶ
（かわいい）
謎の切り込み
（気になる）
竹串
ココが
持ちやすくて好き…
うれしい
個包装

新宿にある老舗だんご屋の4月下旬頃から現れる夏季限定だんご。追分さんのだんごはどれも美味しいけれどこのおだんごは「心ときめく夏の味」。はちみつレモンをだんごに落とし込むセンスと味のバランスが最高！はちみつレモンなのに「だんごの味」なんです絶妙すぎる。個包装なのも嬉しい！ 夏が終わるまでにもう一度食べたい！

追分だんご本舗

東京都新宿区新宿３丁目1-22

TEL：03-3351-0101　　URL：https://oiwakedango.co.jp

いちごBonBon《ボンボン》BERRY《ベリー》
の
温泉まんじゅういちご串
乾いたのどに
しみわたる
1発目のいちご
温泉まんじゅう
(こしあん)
いちご
バームクーヘン
バームとまんじゅうに
吸いとられかわいた
口の中がうるおう
シメの
いちご。
仲間たち
白あん
大福串も
あるよ
茶色の
まんじゅうは
つぶあん!

熱海駅からほど近い所にいつのまにかできてた映えてるスイーツ屋さん。温泉地でなければ成立しないこのビジュアル。温泉まんじゅう串に刺すとはやるな…! バリエーションもこしあん派、つぶあん派、大福派すべてに対応しているきめ細やかさ。やるな…! 温泉街散策で乾いた喉に、てっぺん1個目のイチゴが沁み渡る〜!

いちご BonBonBerry 熱海ハウス

静岡県熱海市田原本町 3-16

TEL：0557-55-9550　URL：http://atami-bonbonberry.com

沼津港深海プリン工房（2号店）の プリンジェラート（メンダコのせ）と深深海プリン

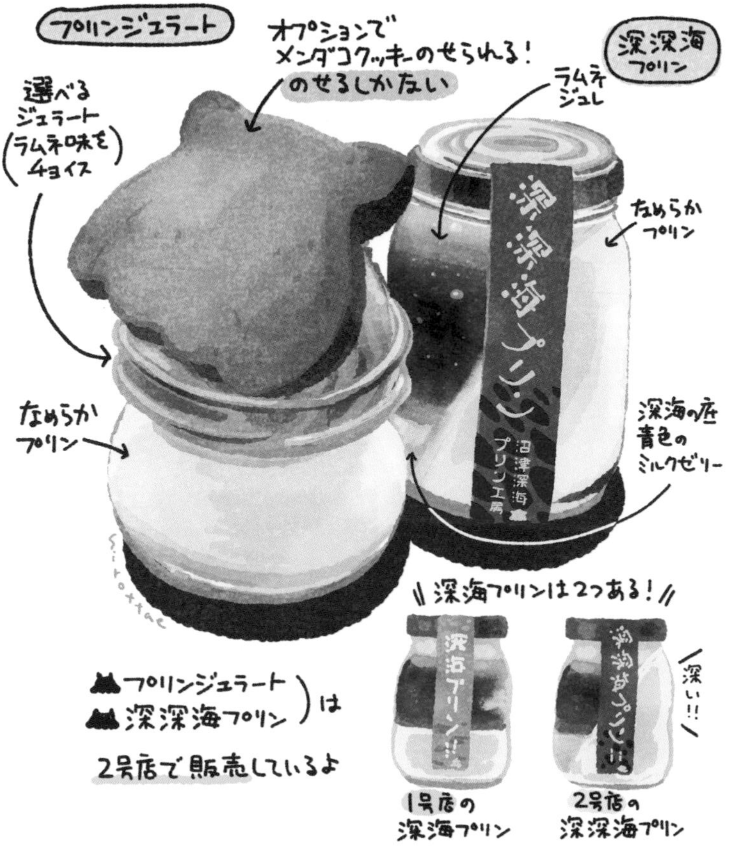
プリンジェラート
オプションで
メンダコクッキーのせられる！
のせるしかない
深深海
プリン
ラムネ
ジュレ
選べる
ジェラート
（ラムネ味を
チョイス
なめらか
プリン
深深海プリン
沼津深海
プリン工房
なめらか
プリン
深海の底
青色の
ミルクゼリー
深海プリンは2つある！
深海プリン!!
深深海プリン!!
深い!!
1号店の
深海プリン
2号店の
深深海プリン
プリンジェラート
深深海プリン
は
2号店で販売しているよ

沼津港にあるプリン屋のなめらか系プリン。深海プリンと深深海プリンのラムネジュレの深海がとても綺麗。ディープシー…。店頭のみで食べられるプリンジェラートは選べるアイスにオプションでメンダコクッキー載せられる！載せるしかないよね深海のアイドルだもんね。…食べて美味しい撮って映え。旅の思い出スイーツとして攻守ともに抜かりない！

沼津深海プリン工房

静岡県沼津市千本港町 97
TEL：055-962-9010　　URL：http://numazu-pudding.com

COLUMN

どうやってグッとくる
お店を探しているのか

はじめに、食べたいもの・ジャンルは何なのか自分の「おなかの声」を聴きます（超重要）

食べたいものが定まったら、友人に聞いたり、SNSや画像検索から「食べ物だけのシンプルな写真」を見つつ第2候補までチョイスしています。
（第１候補が休業だった場合ブレてしまうことがあるため、いつも第2候補まで決めています。）

現地飛び込みで探すときは食べたいジャンルをもとに「お店入り口に清潔感がある」「入る前からメニューと価格がわかる（写真があるとてもありがたい。）」お店に入るとグッとくる食べ物遭遇率がやや上がります。

お昼の定食限定だと、サラリーマンのおじさま方がたくさんいるお店にグッとくるお店が多い感じがします。毎日外食している人たちの舌は信用がおけます。リスペクト。

※グルメサイトよりも自分の勘を信じる！ すごく大事。

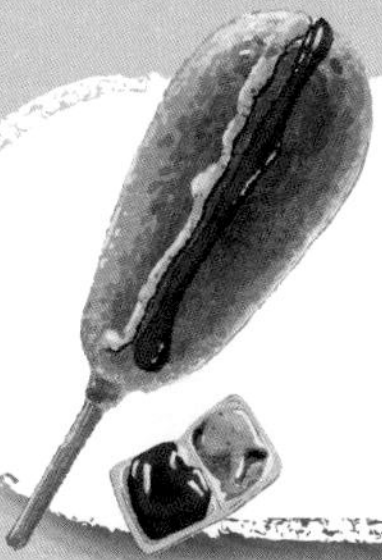

食べ慣れた味

いつも食べられるけど、
いつだって新鮮に楽しめる。
いつまでも側にあってほしい味です。

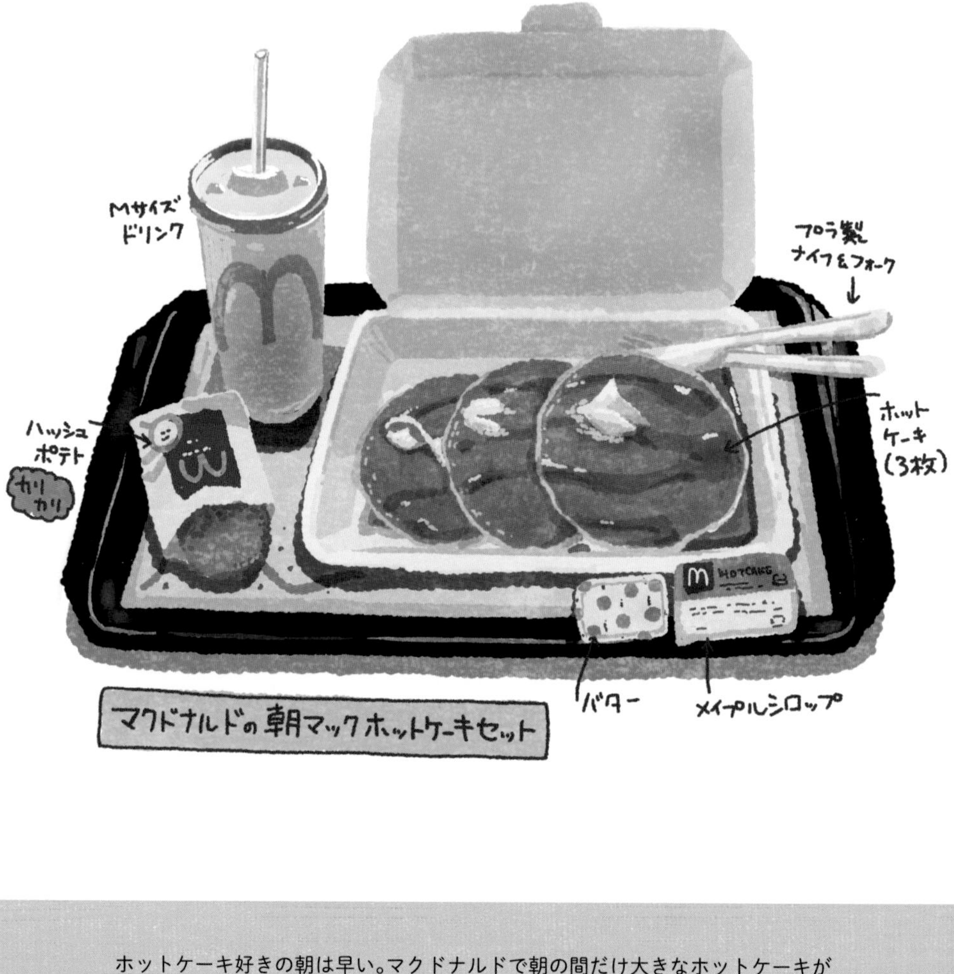
Mサイズ
ドリンク
フロラ製
ナイフ&フォーク
ハッシュポテト
カリカリ
ホットケーキ
（3枚）
バター
メイプルシロップ
マクドナルドの朝マックホットケーキセット

ホットケーキ好きの朝は早い。マクドナルドで朝の間だけ大きなホットケーキが食べられるんです。前菜（？）のしょっぱい担当ハッシュポテトを食べつつ3枚のパンケーキを塩っけ（バター）でいくか甘っけ（メイプルシロップ）でいくかの戦略を練り実行。それを見守る中立のドリンク。そう朝マックホットケーキはたたかいなのである。戦い喰らう！ ホットケーキうまい！

マクドナルド

URL：https://www.mcdonalds.co.jp

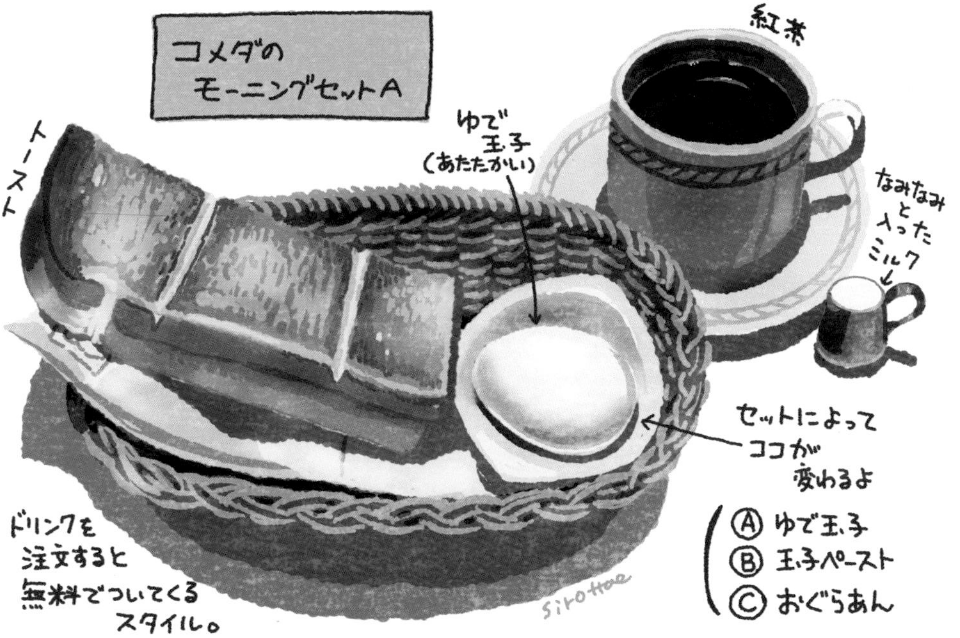
コメダの
モーニングセットA
紅茶
トースト
ゆで
玉子
（あたたかい）
なみなみと入ったミルク
セットによって
ココが
変わるよ
Ⓐ ゆで玉子
Ⓑ 玉子ペースト
Ⓒ おぐらあん
ドリンクを
注文すると
無料でついてくる
スタイル。

「名古屋のモーニングはドリンク頼んだら無料でついてくるんだって…」という夢のような話は現実だったんだー!! と教えてくれた喫茶店はコメダでした。「モーニング付けてください」という魔法の言葉でついてくるトーストとあたたかいゆで卵。起きたばかりのお腹にちょうどいい量なんだなぁこれが。ありがとう名古屋モーニング文化！ ありがとう！

珈琲所 コメダ珈琲店

全国899店舗

URL:http://www.komeda.co.jp/index.php

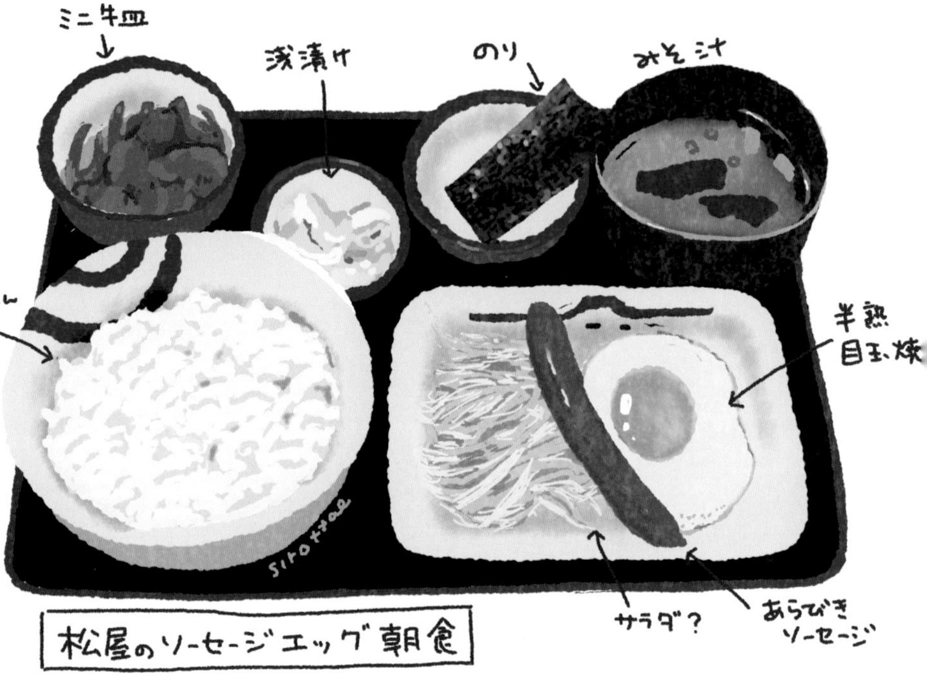
ミニ牛皿
浅漬け
のり
みそ汁
ごはん
半熟
目玉焼
サラダ？
あらびき
ソーセージ
sirottae
松屋のソーセージエッグ朝食

松屋のモーニング、「朝定食」メニューのひとつ。必ず半熟な目玉焼き＆ソーセージ＆選べる小鉢のトリプルタッグでご飯が進む進む(笑)。食べすぎの罪悪感を「僕は体にいいよ…」とささやきながら緑色を添えるサラダ。そんなサラダに容赦なくたっぷりのゴマドレをかけるのが松屋メシだと思っています。一日の活力、朝ごはん。だいじ。(´ω`)

松屋

URL：https://www.matsuyafoods.co.jp

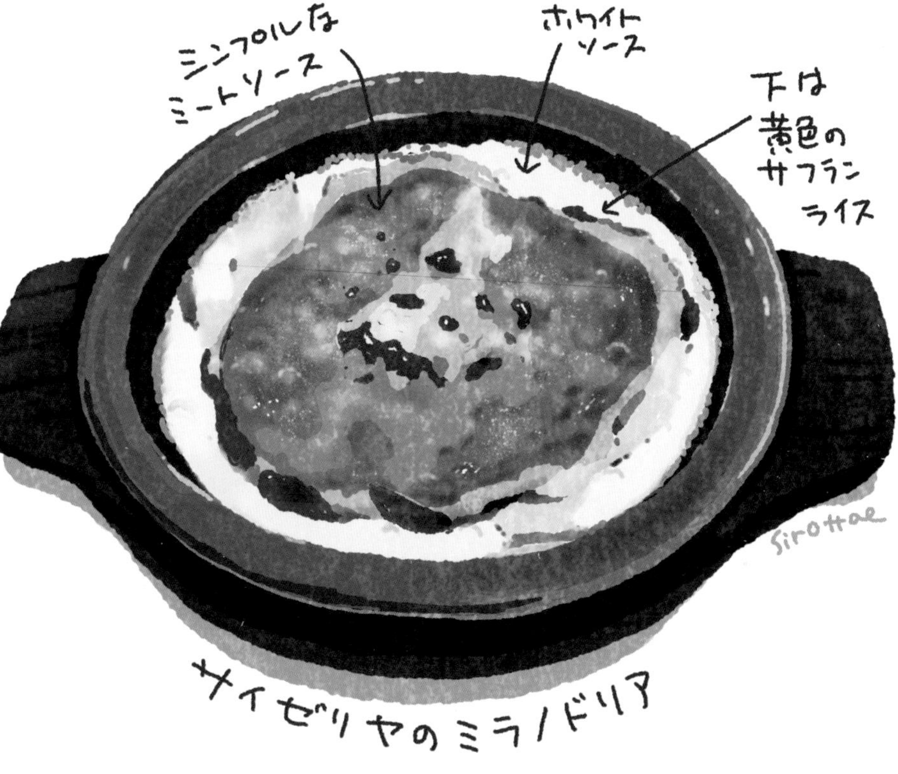
シンプルな
ミートソース
ホワイトソース
下は
黄色の
サフラン
ライス
siroHae
サイゼリヤのミラノドリア

サイゼリヤの看板メニュー。一部日本人の舌に刻み込まれた不変の味。その変わらない味とお手軽価格にお世話になっている方も多いはず。ミラノドリアは具をミートソースに絞ったシンプルな潔さ！ あまりに潔すぎるもんだからついでにセット頼んじゃったりドリンクバーつけちゃったりして気がついたらサイゼの手の上でコロコロと転がされているのでした…(´ω`)

サイゼリヤ

URL：https://www.saizeriya.co.jp

鳥貴族の
とり釜飯
とり肉
かまぼこ
ごぼう
にんじん
内側が
テフロン加工の釜
(こびりつかない!!)
たくあん
おこげ
固形燃料で
炊くよ(約30分)

鳥貴族略してとりき。全メニュー中一番好き。好きすぎて最初のドリンクと一緒にいつも頼んでいます我慢できない。とりき価格なのに「その場で炊く釜飯」出してくるんです。炊き上がりをじっくり待って蓋を開けると湯気と共にほかほか釜飯が…おこげまでついちゃってこの子は…なんなのもう愛してる…。

鳥貴族

URL：https://www.torikizoku.co.jp

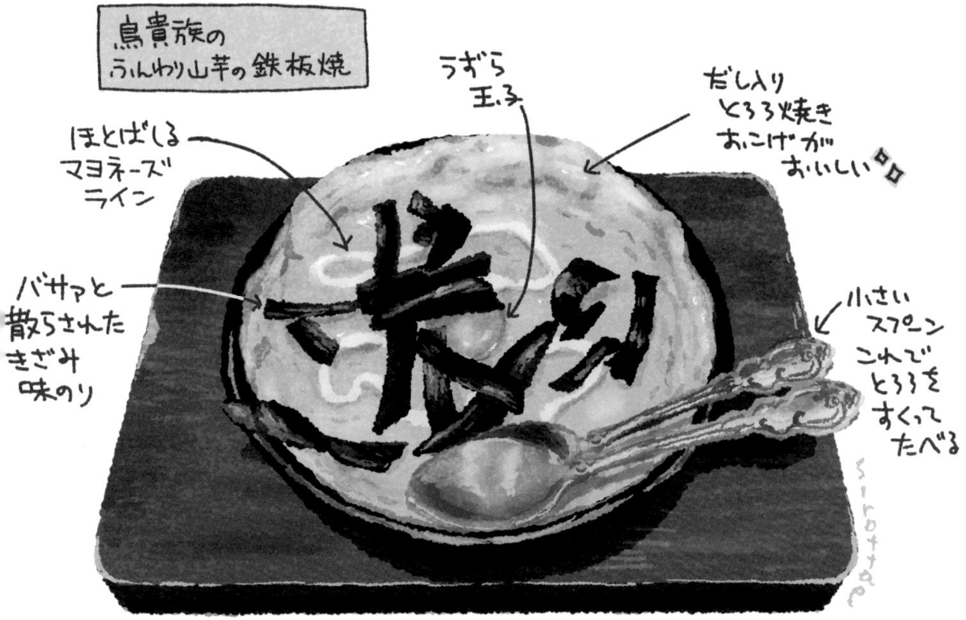
鳥貴族の
ふんわり山芋の鉄板焼
うずら
玉子
だし入り
とろろ焼き
おこげが
おいしい
ほとばしる
マヨネーズ
ライン
バサァと
散らされた
きざみ
味のり
小さい
スプーン
これで
とろろを
すくって
たべる

鳥貴族略してとりきの逸品メニュー。全メニュー中2番目に好き。ダシ入りとろろが薄くのばされ鉄板で半熟な感じに焼かれた上に気ままにほとばしるマヨネーズライン、刻み味付け海苔のバサァ感…よい…。生うずら卵とマヨをとろろと混ぜてフチのおこげと一緒に食べる。全てが混ざったアツアツなめらかとろろさん…たまらない…好き…。

鳥貴族

URL：https://www.torikizoku.co.jp

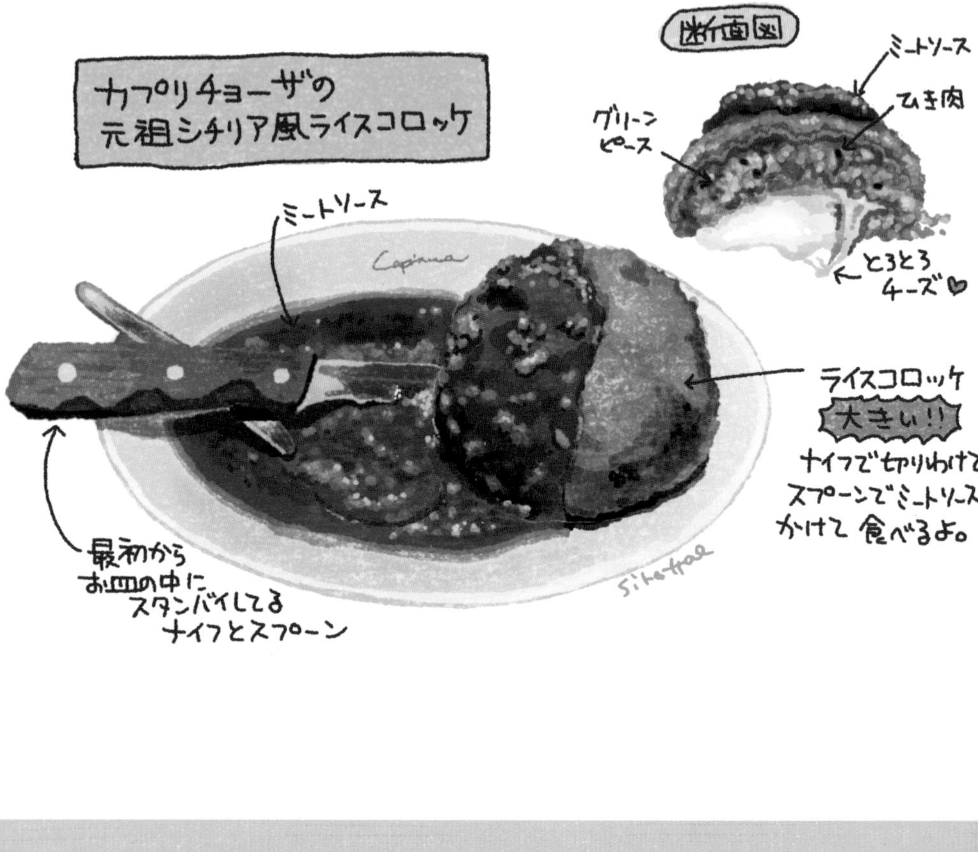
カプリチョーザの
元祖シチリア風ライスコロッケ
断面図
ミートソース
ひき肉
グリーンピース
とろとろチーズ♡
ミートソース
ライスコロッケ
大きい!!
ナイフで切りわけて
スプーンでミートソース
かけて食べるよ。
最初から
お皿の中に
スタンバイしてる
ナイフとスプーン

人の料理への挑戦ってすごいと思ったメニュー。初めてライスコロッケを食べた時の衝撃は忘れられない。だっておかしいでしょ…ご飯のフライだよこれ！ チキンライスにフライ衣のカリッとした食感が加わった上にミートソースかけてるんですよ。つよい。お店人気No1なのも納得。ナイフとフォークで食べる飯というのも新鮮だと思うの…。

カプリチョーザ

URL：https://capricciosa.com

唯一無二の米コーラ

くら寿司のシャリコーラ

ココとココにくびれのある独特なビン
甘い米とコーラが混ざり合ったようなまったり炭酸ドリンク
例えるなら甘酒コーラ…？
シンプルなロゴ
このいさぎよさ粋だね…
KURA
米
Shari-Cola
炭酸の泡
※
・ごはんつぶ
・酢
は入っていません。

くら寿司のドリンクメニューにいる唯一無二のオリジナル炭酸飲料。ステイホーム期間中どうしても飲みたくなってお取り寄せ。シャリといっても酢飯感は全くなく味は例えるなら甘酒コーラ。とろりとした独特の喉越しはつい大切に飲みたくなっちゃう。家で心置きなく飲みまくりました。くら寿司たまにこういう尖ったものを開発するから目が離せない！

くら寿司

URL：https://www.kurasushi.co.jp

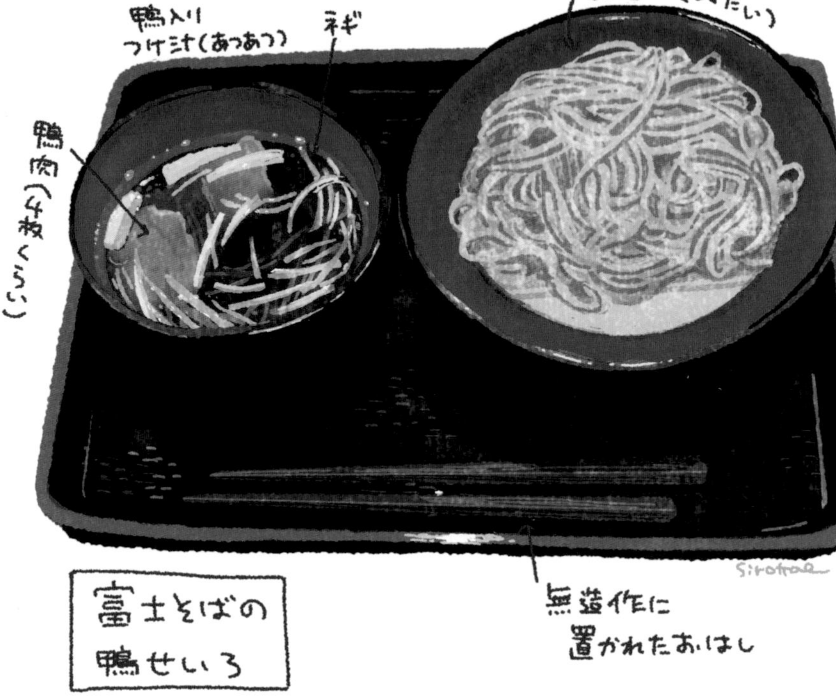
鴨入り
つけ汁(あつあつ)
ネギ
おそば(冷たい)
鴨肉(4枚くらい)
無造作に
置かれたおはし
富士そばの
鴨せいろ

富士そばにあったりなかったりする実は一部店舗限定なレアメニュー。朝、富士そばに入ったらほぼ必ず食べます。盛りそばを熱々な鴨汁につけてすすると何だか脳とやる気がシャキッと起き上がる感じがする不思議。すする時空気も吸えてそば深呼吸もできちゃう。リーズナブル価格なのに鴨肉が4枚入っている、富士そばの優しさがうれすぃ…(´ω`)

名代 富士そば

URL：https://fujisoba.co.jp

スガキヤの
五目.ソフトセット
ミニソフト
(チョコがけを
チョイス)
ラーメン
Sugakiya
チャーシュー
スガキヤ独特
和風とんこつ味
スープ
大好き
ネギ
五目ごはん
混ぜこみ系
なので
ごはんの色が
ちょっとまだら。
そこが好き
具は
・あぶらげ
・にんじん
・ごぼう
・たけのこ
・しいたけ
めんま
スガキヤと
いえばの
スプーン
フォーク!

東海地方の一部の人の思い出の味。私も食べ盛りの頃めちゃくちゃお世話になりました。まごうことなき「寿がきや味」の塩とんこつラーメンにたまにご飯の色がまだらになってる混ぜ込み五目御飯。おやつ大事！のミニソフト。このソフト、以前はフードと同時出しで当時着丼と同時に溶け始めるソフトとの静かなるタイムアタックに燃えていた思い出…。

スガキヤ

URL：http://www.sugakico.co.jp

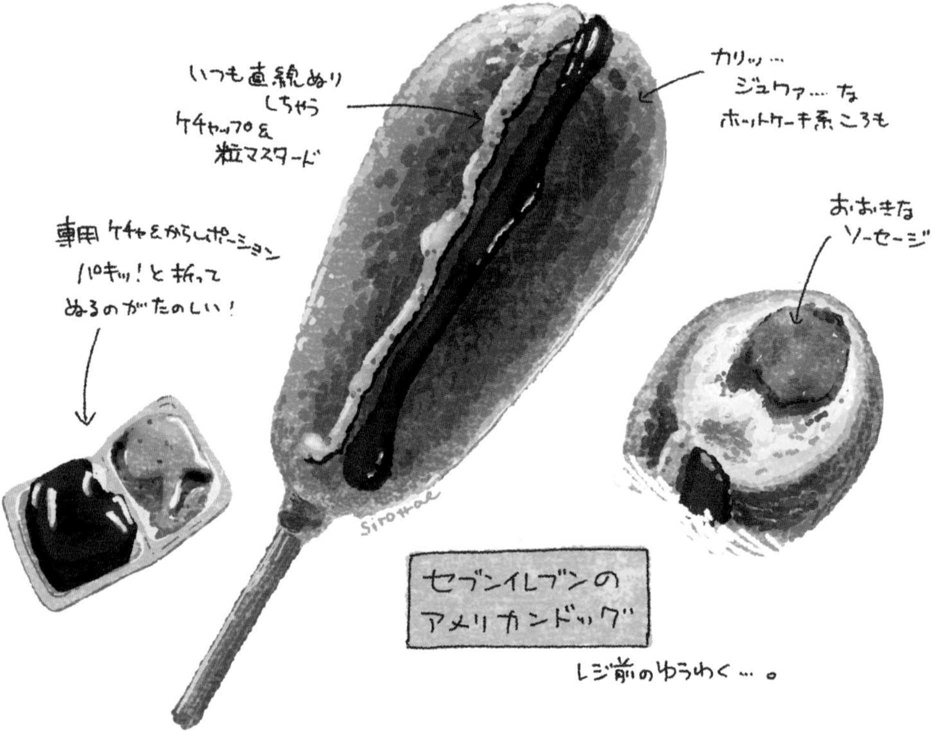
いつも直線ぬりしちゃう
ケチャップ&粒マスタード
カリッ…ジュワァ…なホットケーキ系ころも
専用ケチャ&からしポーション
パキッ!と折ってぬるのがたのしい!
おおきなソーセージ
セブンイレブンのアメリカンドッグ
レジ前のゆうわく…。

セブンイレブン、レジ横の誘惑。略してアメド。きつね色に揚げられたボディ、中には約束された美味しさの大きなソーセージ。疲れた時、何となくカリッとじゅわっと甘じょっぱいものが食べたい時、お腹すいた時ダイエット中の時…いつも誘ってくるよねこのお方は…買っちゃうよね…。

セブンイレブン

URL：https://www.sej.co.jp/

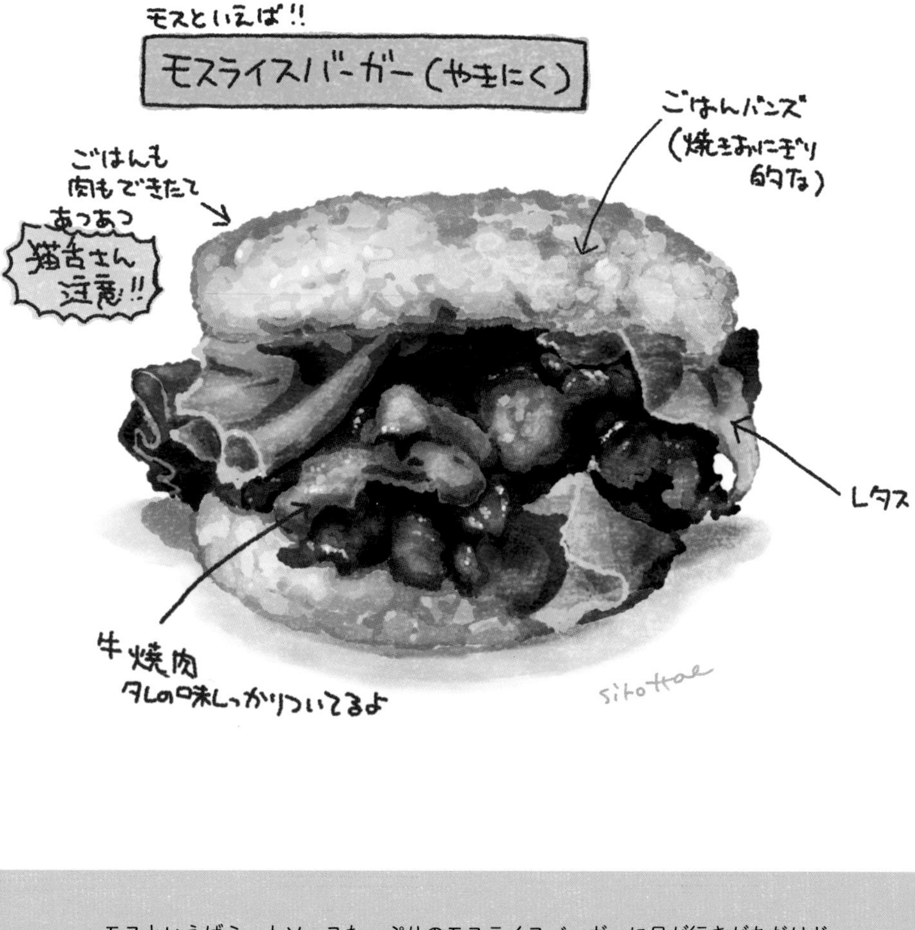
モスといえば!!
モスライスバーガー(やきにく)
ごはんバンズ
(焼きおにぎり 的な)
ごはんも 肉もできたて
あつあつ
猫舌さん 注意!!
レタス
牛焼肉
タレの味しっかりついてるよ

モスといえばミートソースたっぷりのモスライスバーガーに目が行きがちだけど
こちらもモスをモスたらしめているオンリーワンバーガーと思うんです。
このメニューを例えるならそう…手でつかんで食べる焼肉丼。腹八分目、カジュアルに
食べられる焼肉丼。バーガーだからねお箸いらないから！　かじる肉飯だから！
さあワイルドにGo!(火傷注意)

モスバーガー

URL：https://www.mos.jp

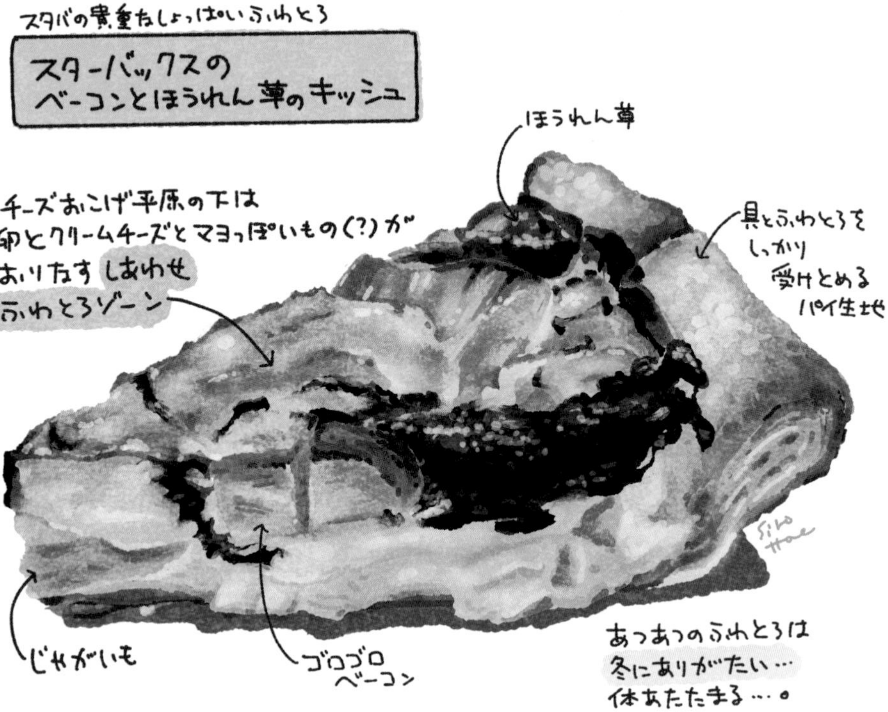
スタバの貴重なしょっぱいふわとろ
スターバックスのベーコンとほうれん草のキッシュ
ほうれん草
チーズおこげ平原の下は
卵とクリームチーズとマヨっぽいもの(?)が
おりなすしあわせ
ふわとろゾーン
具とふわとろを
しっかり
受けとめる
パイ生地
じゃがいも
ゴロゴロ
ベーコン
あつあつのふわとろは
冬にありがたい…
体あたたまる…。

スターバックス、略してスタバの貴重なしょっぱいふわとろフード。店内フードしょっぱい部門で1番好き。そして1番食べているかもしれない。
ほうれん草ベーコン層の下にある玉子とクリームチーズとマヨ的なものがおりなす魅惑のゾーン。このまましばらくキッシュの深海に溺れていたい…。
食べる時は温めがおすすめ。ふわとろがさらに引き立つぅ…。

スターバックス

URL：https://www.starbucks.co.jp

スタバの春を告げるケーキ

スターバックスのさくらシフォン

桜の花の塩漬け
(春のほろにが塩味)
さくら味の
ふわふわシフォン
(ほのかな塩味)
生クリーム
このふわふわ感の
まくらがほしい…
(顔をうずめたい)

スタバの一足早い春、SAKURAシーズンに毎年現れるケーキ。桜フラペチーノは毎年味を変えてくる中変わらないビジュアルにだんだん安心感さえ芽生えてくる春の顔。桜風味の少し塩味のきいたシフォンに薄めに塗られた生クリーム、上にはほろ苦塩漬け桜の花が一輪。甘いだけが春じゃない。それを毎年教えてくれる桜シフォン先輩さすがっス…！

スターバックス

URL：https://www.starbucks.co.jp

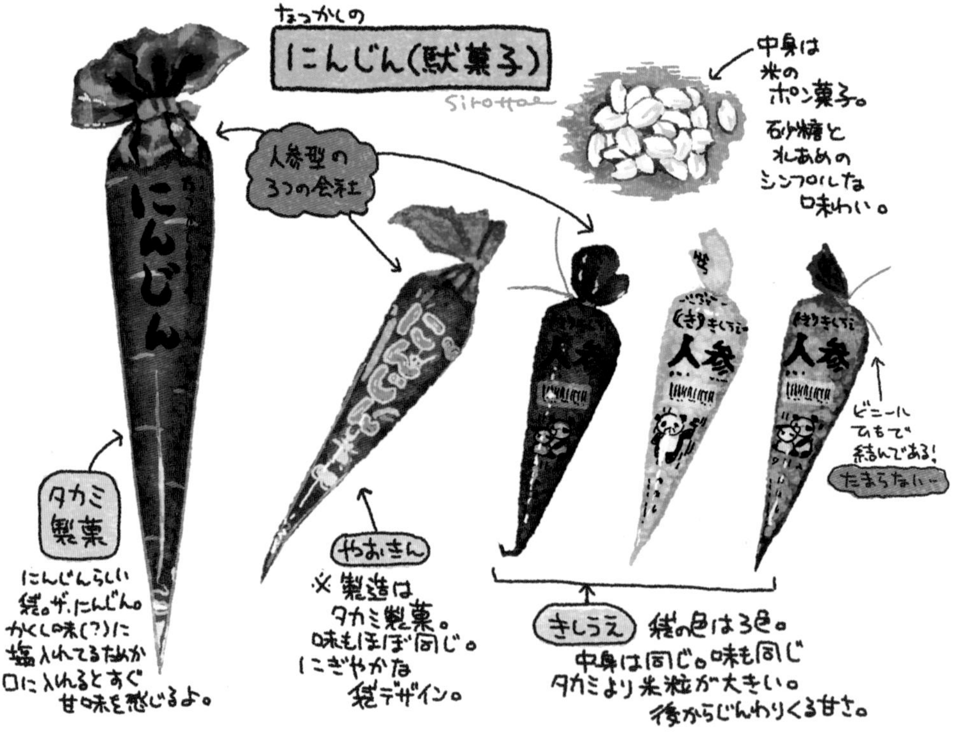
なつかしの
にんじん(駄菓子)
中身は米のポン菓子。
砂糖と水あめのシンプルな味わい。
人参型の3つの会社
にんじん
タカミ製菓
にんじんらしい袋。ザ・にんじん。かくし味(?)に塩入れてるためか口に入れるとすぐ甘味を感じるよ。
やおきん
※製造はタカミ製菓。味もほぼ同じ。にぎやかな袋デザイン。
人参
人参
ビニールひもで結んである!
たまらないー
きしうえ
袋の色は3色。
中身は同じ。味も同じ
タカミより米粒が大きい。
後からじんわりくる甘さ。

見た目はにんじん、中身は米のポン菓子。このシンプルな味が好きで子供の頃よく食べていましたなつかしー！ 家に帰ってお茶碗にいれてお箸使ってご飯を食べるみたいに食べてた。米は炊いてもポンしても美味しい。
今回描くにあたって調べてみたらにんじん製造メーカーは3社あるらしい。
知らなかった！ 子供の頃食べていたのはどのにんじんでしたか？(´ω`)

タカミ製菓

URL:https://takami-seika.jimdosite.com

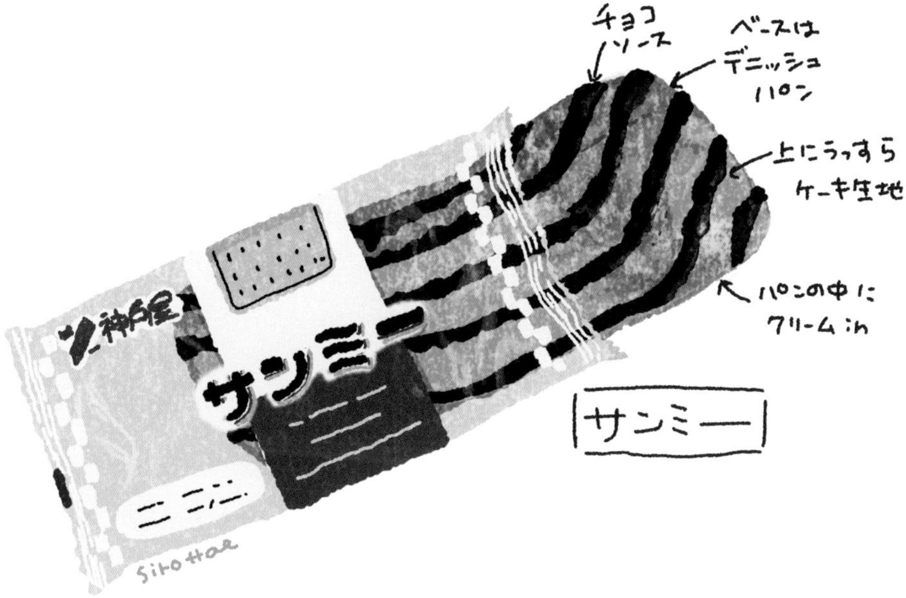
チョコ
ソース
ベースは
デニッシュ
パン
上にうっすら
ケーキ生地
パンの中に
クリームin
神戸屋
サンミー
サンミー

関西地方限定の菓子パン。チョコソース、ケーキ生地、クリームの三位一体＝サンミーだそう（ヨンミーもあるらしい）腹ペコさんたちのおやつパン！
きっと学生時代お世話になった関西の方たくさんいるんだろうなーという「いつもある」感ただよう風格と佇まいそして安心する味とボリューム！
次めぐりあったら牛乳一緒に買お…。

神戸屋

URL：https://www.kobeya.co.jp

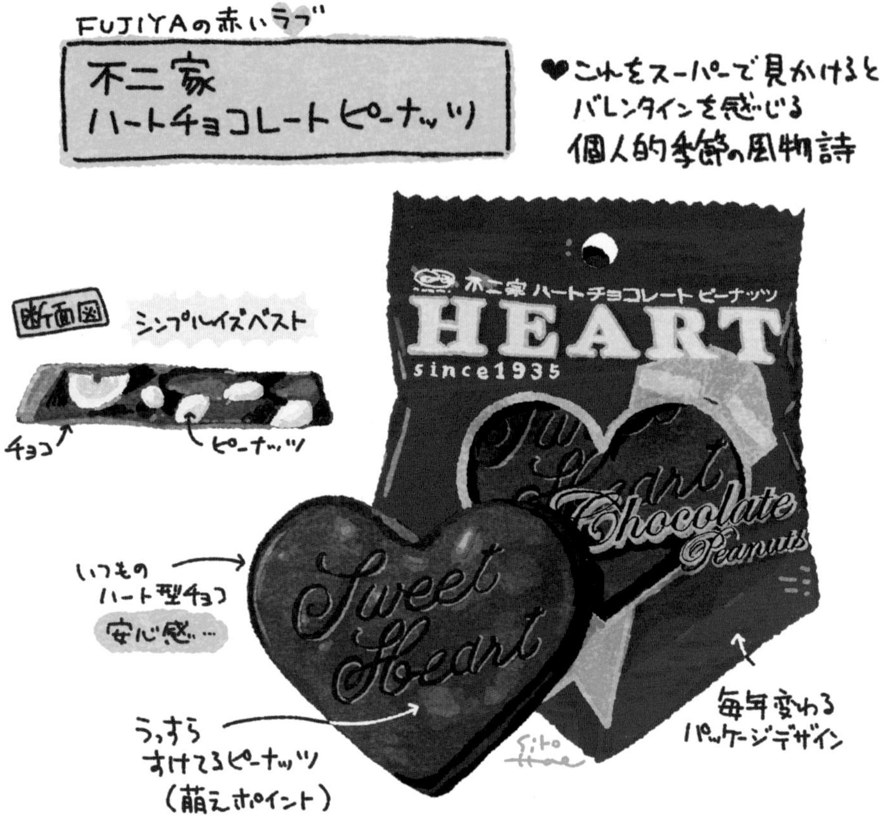
FUJIYAの赤いラブ
不二家
ハートチョコレートピーナッツ
❤これをスーパーで見かけると
バレンタインを感じる
個人的季節の風物詩
不二家 ハートチョコレート ピーナッツ
HEART
since1935
Chocolate
Peanuts
断面図
シンプルイズベスト
チョコ
ピーナッツ
いつもの
ハート型チョコ
安心感…
Sweet
Heart
毎年変わる
パッケージデザイン
うっすら
すけてるピーナッツ
（萌えポイント）

バレンタインが近くなるとスーパーのレジ横やお菓子コーナーに現れる不二家の赤いラブ。袋から出すと意外に大きくて、中のナッツもいいアクセントで。昔からほぼ変わらない味を家で気取らず食べ一足早いバレンタインを味わう。ハートチョコさんはそんな立ち位置のチョコだと思うんです。シンプルイズベスト。来年も楽しみにしてる…(´ω`)

不二家

URL：https://www.fujiya-peko.co.jp

ロイヤルホストの
パンケーキ
バター
本体
お店で1枚1枚
手焼きの
パンケーキ
3枚がさね
メイプル
シロップ
メイプル
シロップ
しあわせ
ゾーン
大きな
お皿

高級ファミレス、ロイホのロングセラーメニュー。不動の味。数年前ブームが起きて色々なホットケーキパンケーキが現れたけどふと食べたくなるのはここのパンケーキ。そう、貴方はパンケーキ界の港…1枚ずつ食べてもよし3枚を一気に食べてもよし。
美味しいのはもちろん、この自由度がたまらない！（´ω`）

ロイヤルホスト

URL：https://www.royalhost.jp

バニラ派も、アイス派も
麻布茶房の
ダブルクリームソーダ
ソフトクリーム
ブルーライチ
ダブルクリームソーダ
チェリー
ダブル
クリームソーダ
缶づめの桃に
さっぱり味
バニラアイス
ライチ香る
ブルーハワイ
ソーダ
(甘さひかえめ)
ほっとする味
メロンソーダ
(甘さひかえめ)
アイスとソーダが
混ざった
しあわせゾーン
ソーダ系ドリンクの
グッとくるポイント!!
ずっと見ていたい…

アイス派、ソフト派どちらもにっこり最初から両方載ってるクリームソーダ。どちらから食べようか悩める幸せ。ソーダはメロン・ブルーハワイ共甘さ控えめでアイスソフトが混ざった時ちょうどいい甘さに！　炭酸も控えめなので例のぶくぶくがゆっくり＝焦らず飲める！ だいじ…。混ざる前の底部分の宝石感も好き…そう…クリームソーダは宝箱…。

麻布茶房

URL：http://www.amaya-company.co.jp/azabusabo

ひとりでゆったり

誰かと一緒もいいけれど
たまにはひとりで。
しみじみと味わいたい名品たちです。

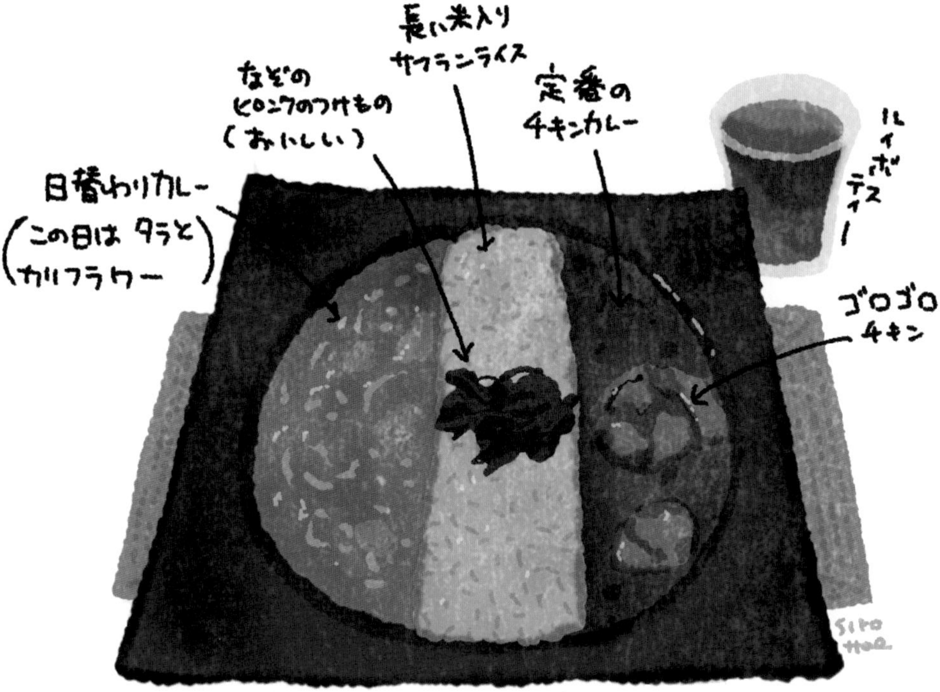
なぞの
ピンクのつけもの
（おいしい）
長い米入り
サフランライス
定番の
チキンカレー
ルイボスティー
日替わりカレー
（この日は タラと
カリフラワー）
ゴロゴロ
チキン

piwang（ピワン）の2種盛りカレー

吉祥寺にあるカレーの小店。

メニューは定番と日替わりの二種のみで、両方盛るのが「二種盛り」。この日の日替わりは鱈とカリフラワーのトマト系カレーでした。サラサラ系ルーはそんなに辛くないんだけど食べ終わるころにいつも大量の汗をかく不思議なカレー。食後「いい汗かいたー！」って言いたくなります。スッキリ。

piwang（ピワン）

東京都武蔵野市吉祥寺本町 2-14-7 吉祥ビル 地下

URL：https://piwang.jp

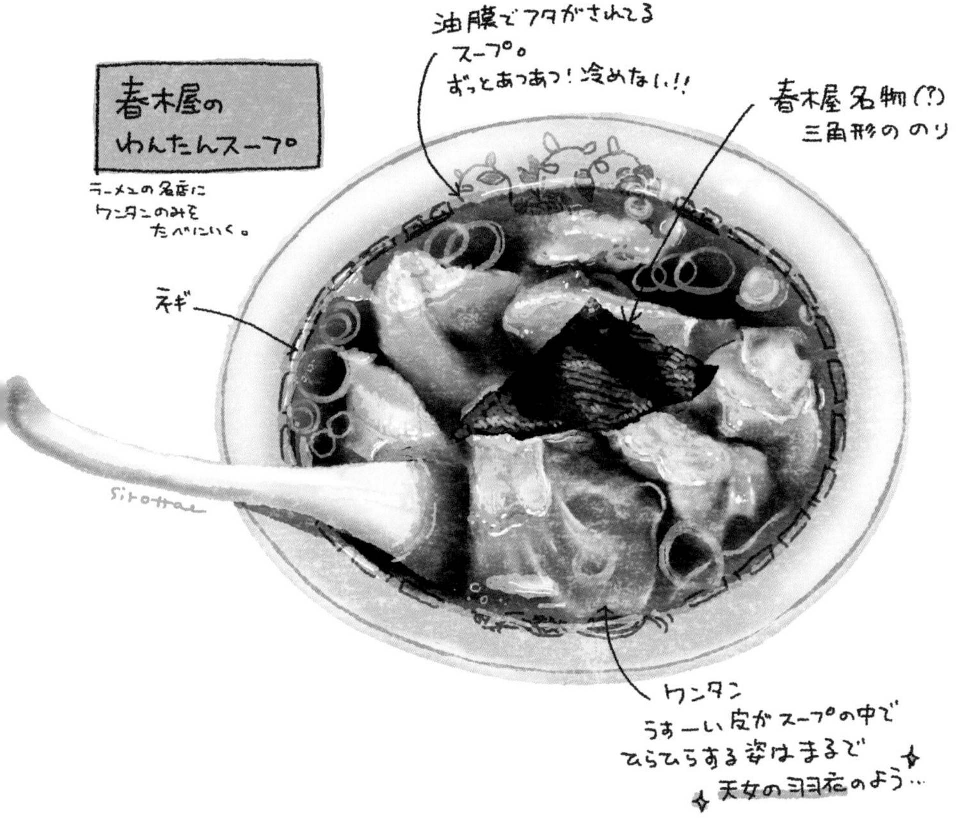
春木屋の
わんたんスープ
ラーメンの名店に
ワンタンのみを
たべにいく。
油膜でフタがされてる
スープ。
ずっとあつあつ！冷めない!!
春木屋名物(?)
三角形ののり
ネギ
ワンタン
うすーい皮がスープの中で
ひらひらする姿はまるで
天女の羽衣のよう…

荻窪に本店がある中華そば屋。最初は中華そば目当てで来ていたのにワンタン好きすぎて最近はずっと麺抜き状態のコレ一筋。
ここのわんたんの特に素晴らしいのは皮。薄くて広くてひらひらしていて…食べる時「天女…天女の羽衣…」と頭を天界に飛ばしながら食べてます。極楽(´ω`)

春木屋(吉祥寺店)

東京都武蔵野市吉祥寺本町 2-14-1
TEL：0422-20-5185　URL：http://www.haruki-ya.co.jp

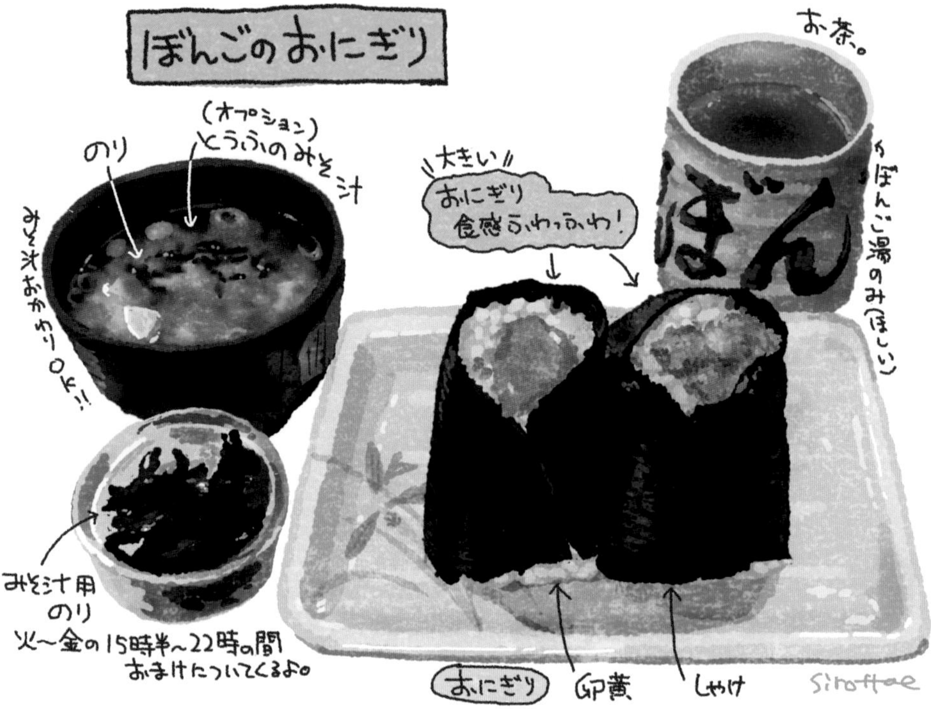

大塚にあるおにぎり専門店。カウンター席のみの席に座り注文。お茶を飲みつつ店員さんの見事な握りを見ながら待つこと数分。出来上がってからは言葉はいらない無言で食べちゃう夢中でたべちゃうそして気がついたら食べ終わってるゥウゥ!(放心状態)具はまるで卵かけご飯! な「卵黄」が一番好き。あとぼんご湯のみかっこいい…欲しい…。

おにぎり ぼんご

東京都豊島区北大塚 2-26-3
TEL:03-3910-5617　URL:https://www.onigiribongo.info

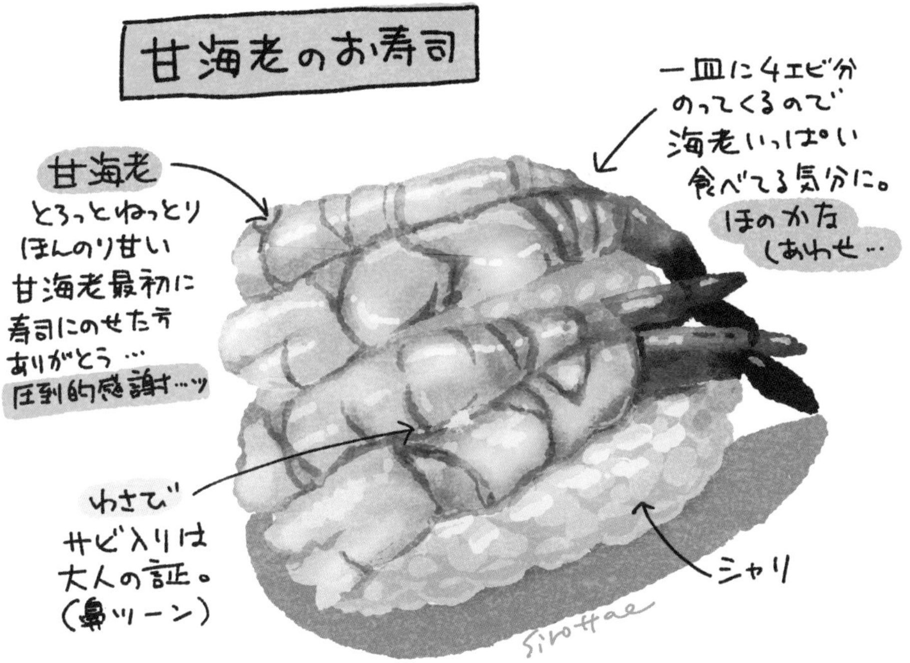
甘海老のお寿司
一皿に4エビ分
のってくるので
海老いっぱい
食べてる気分に。
ほのかな
しあわせ…
甘海老
とろっとねっとり
ほんのり甘い
甘海老最初に
寿司にのせた方
ありがとう…
圧倒的感謝…ッ
わさび
サビ入りは
大人の証。
(鼻ツーン)
シャリ

回転寿司に行くと大体必ずある寿司ネタ。この甘海老のお寿司が好きで回転寿司行くと一番目に食べます。個人的前菜的ファースト寿司。デフォルトわさびinは大人の気分。噛むととろっとねっとりほんのり甘い甘海老たちは1皿で4エビ分。海老たくさん食べた気分になる幸せ。甘海老最初に寿司ネタにしてくれた方ありがとう…感謝…圧倒的感謝…！

甘海老のお寿司

回転寿司などでよく見かけます。

机の上のプチのぼり
持って帰りたくなるかわいさ！
のりトースト
しょうゆ
バター
のり
ブレンドコーヒー（おかわり自由）
※他ドリンク変更不可。
珈琲専門店エースののりトーストSet
ココの間にもバターがぬってあるので分けずにこのままつかんでがぶっといこう!!
名物のりトースト
とてもコーヒーに合う味！

神田にある昭和ただよう小さな喫茶店。トースト×のり×コーヒー。頭の中では全くつながるイメージがないこの3人。口の中にいれたとたん、3兄弟の契りを結んだかの様な相性の良さに目がクワッ！ となりましたクワッ！ 特に海苔とコーヒー。2人の架け橋となるパンと醤油とバターの名仲人っぷり。仲を取り持つってこういうことなのね…。

珈琲専門店 エース

東京都千代田区内神田 3-10-6
TEL：03-3256-3941

蜜蜂名物(?)
無料で自由に
食べられる
お菓子
甘いものから
しょっぱいものまで。
ブルーベリー
いちご
とても
ストレートな
ジャム
2種。
バタートースト
ルイボス
ティー
閉店
までが
モーニング。
蜜蜂《みつばち》のモーニング。
(バタートーストセット)

地元の人にとても愛されている喫茶店。ここのモーニングはなんと閉店まで！閉店までがモーニング！（すてき）とてもわかりやすく飾らない感じで置かれるジャムや蜂蜜たち（好き）そして無料で自由に食べられるお菓子！（案外食べなかったりする不思議）愛…お店の愛を感じる…地元の人たちに愛されているのわかる…わかるよ蜜蜂さん…。

蜜蜂

東京都中野区新井 5-27-2 ナカムラビル 1F
TEL：03-3387-9950

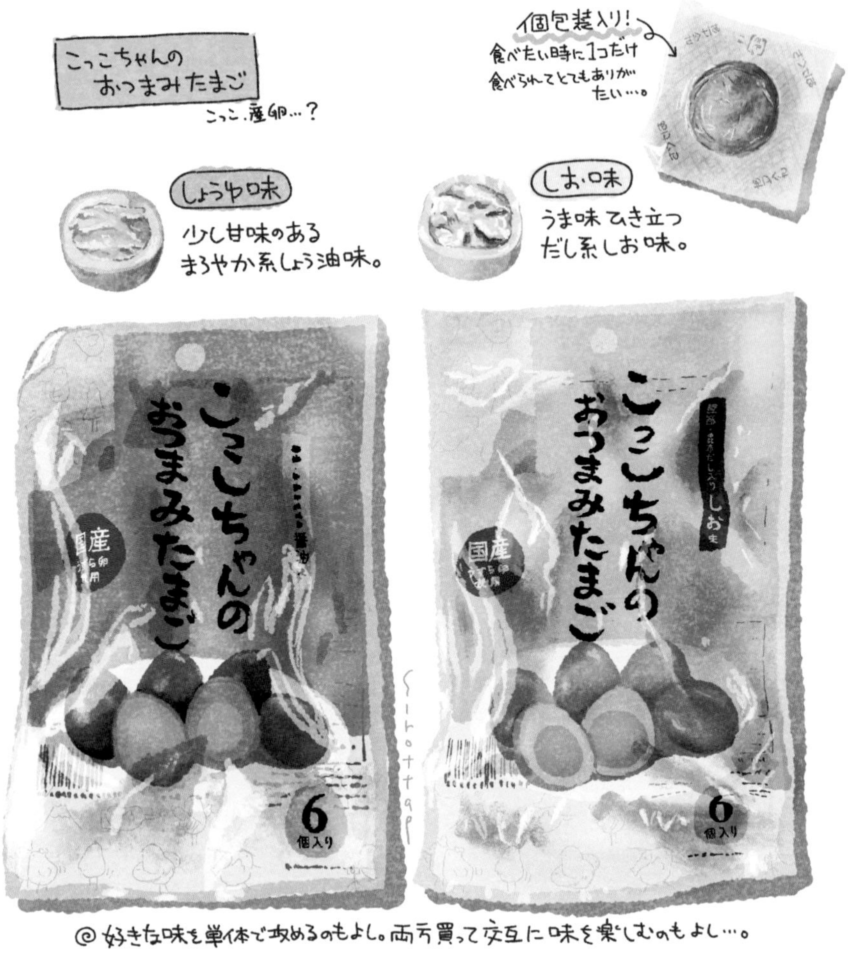
こっこちゃんの
おつまみたまご
こっこ、産卵…？
個包装入り！
食べたい時に1コだけ
食べられてとてもありがたい…。
しょうゆ味
少し甘味のある
まろやか系しょう油味。
しお味
うま味ひき立つ
だし系しお味。
こっこちゃんのおつまみたまご
国産
6
個入り
こっこちゃんのおつまみたまご
しお味
国産
6
個入り
◎好きな味を単体で攻めるのもよし。両方買って交互に味を楽しむのもよし…。

静岡土産「こっこ」シリーズのニューフェイス。こっこお前ひよこじゃなかったんか!! いやむしろ生まれる前の卵の方なのか…？ どっちなん？ どっちなんこっこ?? …おつまみたまご自体は国産の味付けうずら玉子。塩と醤油、好みの味に絞ってもよし、2種買って交互に食べるのもよし。食べながらこっこの玉子の謎を一緒に考えてほしい。どっちなん…？

こっこオンラインショップ

URL：https://shop-cocco.jp

飲む縁起物
祝酒 開運
※ビンタイプも
あるよ (1升.720ml.300ml)
カップ酒タイプは
180ml入り。
IWAIZAKE KAIUN
祝酒
開運
特別本醸造
キリッとしながら
気をつかわない味。
ワイワイした
気持ちで飲みたくなる
自《みずか》ら
祝酒として
アピールしていく
スタイル好き
ラベルから
放たれる
とにかく
めでたい感じと
力強い文字
見てアガる
飲んでアガる

静岡は掛川のお酒「飲む縁起物」。アガる酒名に運をかっこむ熊手の絵。自ら祝い酒としてグイグイいくスタイル。良い。間違いなく運をブチ上げてくれるオーラただようめでたいお酒。お酒自体は「気を使わない味」。景気つけたい時に細かいこと気にせずワイワイした気分で飲みたーい！あと縁起物として人に送ることも。開運を贈る。イイ。

土井酒造場

静岡県掛川市小貫 633

TEL：0537-74-2006　URL：https://kaiunsake.com

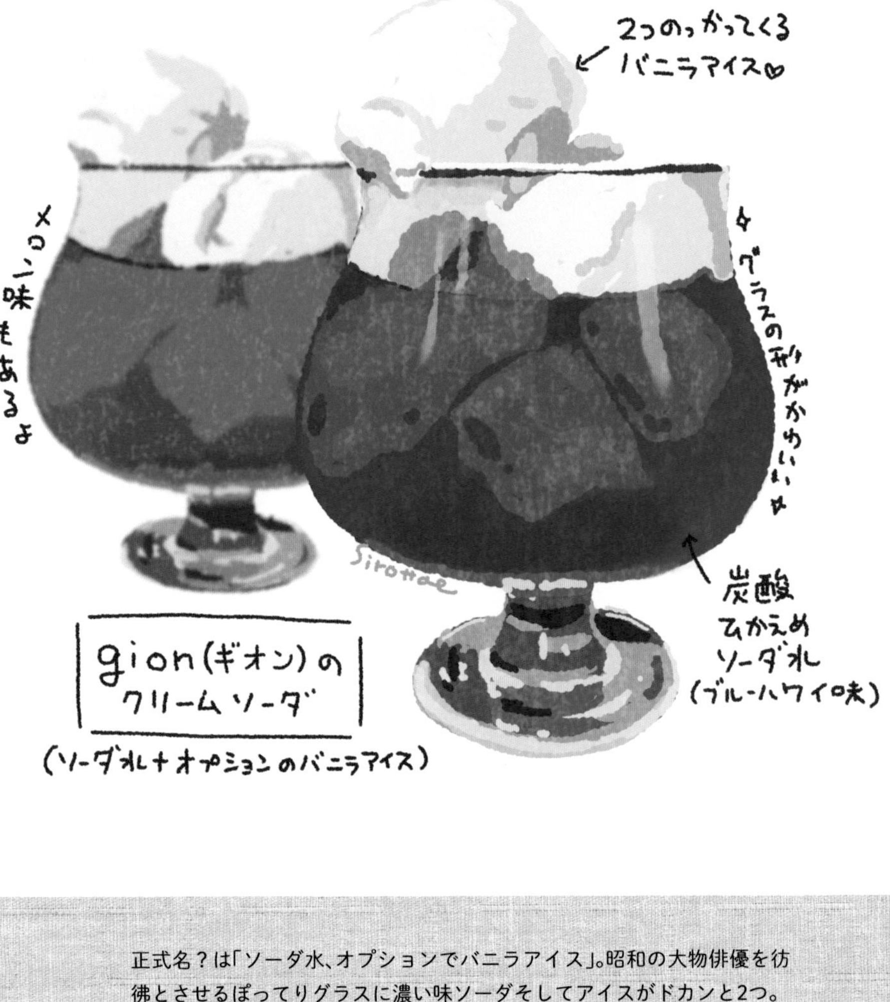
2つのっかってくる
バニラアイス♡
メロン味もあるよ
☆グラスの形がかわいい☆
炭酸
ひかえめ
ソーダ水
(ブルーハワイ味)
sirotae
gion(ギオン)の
クリームソーダ
(ソーダ水+オプションのバニラアイス)

正式名？は「ソーダ水、オプションでバニラアイス」。昭和の大物俳優を彷彿とさせるぽってりグラスに濃い味ソーダそしてアイスがドカンと2つ。アイスの豪快さとブルーハワイの真っ青な潔さよ…。炭酸控えめな為クリームソーダお約束の例の泡が出にくくゆっくり飲めるの嬉しいなぁ(´ω`)

喫茶 gion(ギオン)

東京都杉並区阿佐ヶ谷北 1-3-3 川染ビル 1F
TEL：03-3338-4381

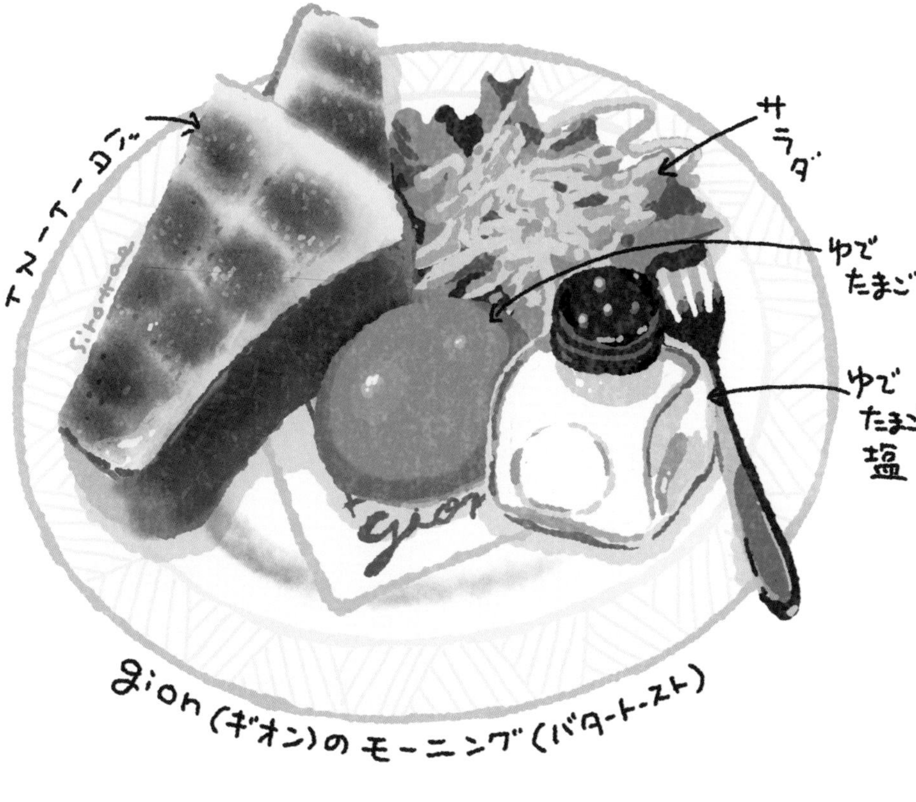
サラダ
ゆでたまご
ゆでたまごの塩
gion
gion(ギオン)のモーニング(バタートースト)

正式名称バタートーストモーニング。各種ドリンクに+80円で頼むことができるセット。ドリンクから選ぶスタイルなのでクリームソーダモーニングにすることも可！（私はそのスタイルでオーダーしました）きつね色トーストの至福。しかもバタートーストだなんて誘っているとしか思えない。モーニングってシンプルなのに何でこんなに贅沢に感じるんだろ…(´ω`)

喫茶 gion（ギオン）

東京都杉並区阿佐ヶ谷北 1-3-3 川染ビル 1F
TEL：03-3338-4381

ペリカンの
ロールパン
（小）
ぎっしり
みっちり
10コ入り
小ぶりながら
身のつまった
ミニロールパン

浅草にある予約必須な老舗パン屋さん。一度食べたら時折ムショーにたべたくなるという中毒性の高いパン。ある意味危険。味がぎゅっと濃縮されてるような「小ロールパン」が特に好き。何もつけずにそのままいけちゃうぱくぱくいけちゃう。袋を開けたら最後あっというまにパン残数0に。危険。このパンの前では人類は無力…。

パンのペリカン

東京都台東区寿 4-7-4

TEL：03-3841-4686　　URL：https://www.bakerpelican.com

ペリカンカフェの
炭焼きトーストセットとパンの耳揚げ
ペリカン印の
敷き紙
(おしゃれ)
カリカリに揚げた
ペリカンパン の耳
砂糖とカレー粉がまんべんなく
まぶしてある おいしい
セットの
紅茶
ブルーベリージャム
バター
アルミトレーに
紙敷いてある
(おしゃれ)
炭火でトーストしたパン
(小ぶりなサイズ)
オリジナル
バターナイフ(かわいい)

浅草のパンの名店ペリカンが満を持してカフェオープン！ 行くしかないじゃないですか！ ご家庭にパンを焼くための炭火はなかなかないッ！ 焼きたてトーストをバターとジャムでいただくこのシンプルさがかえって味を引き立てる…そしてパン耳揚げのカリカリ食感が頭を目覚めさせつつ噛むほどにカレー味じんわり。ペリカンワールドの幸せが広がっていくぅ…。

ペリカンカフェ

東京都台東区寿 3-9-11
TEL：03-6231-7636　　URL：https://pelicancafe.jp

サラダホープ（新潟限定あられ）

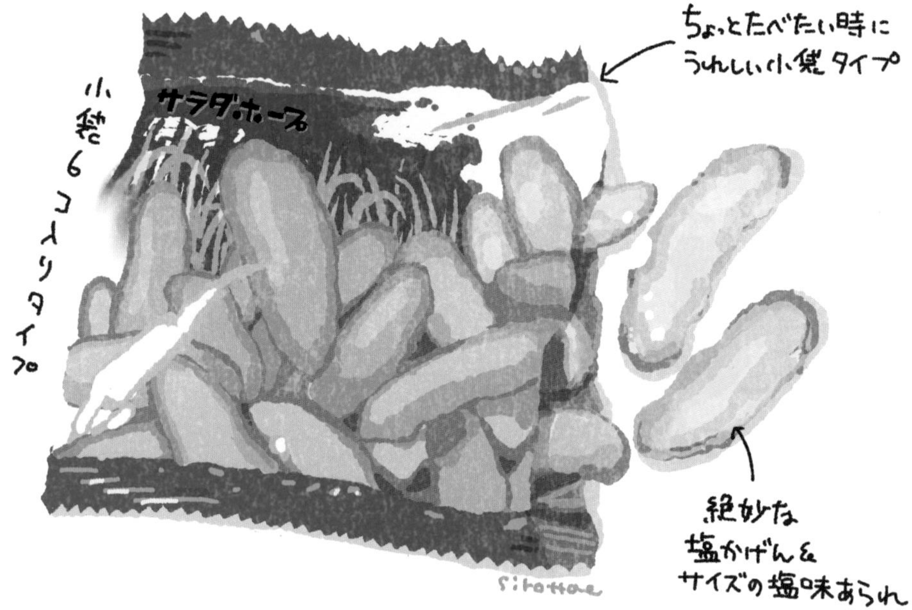
ちょっとたべたい時に
うれしい小袋タイプ
小袋6コ入りタイプ
サラダホープ
絶妙な
塩かげんと
サイズの塩味あられ

新潟のみで販売されているあられ。差し入れでいただいてからすっかりファンです山盛り食べたいうますぎる…。ちょっと食べたい時にちょうどいいサイズの小袋を開けると絶妙なサイズの塩味あられがこんにちは。ザクっと食べるとなくなるまで止まらない！ 色々な味があるのもやばい。新しい味を知りたくていっぱい食べちゃう…しあわせ…。

亀田製菓ネットショップ

URL：https://www.kameda-netshop.jp

どんどんの
から揚げ弁当
しょうゆ
(からあげ用?)
からし
からあげ(5コ入)
衣はパリパリの
食感
れんこんと
にんじんの
きんぴら
(おかずは
たまに変わるよ)
オレンジ
大根の
つけもの
※
『ハッピーグルメ
弁当』は
メニューに
ありません
たっぷり
ごはん
(からあげの
友)
Siro Hae.

「今話題のハッピーグルメ弁当とは？」「…どんどん？」パフパフパフ！のCMで有名な静岡に本社を持つローカル弁当屋。何気に県外にもあるよどんどん。大好きな唐揚げ弁当久々に食べたら美味しかった。何でハッピーグルメ弁当を食べないのかって？ あれだけ脳内に刷り込んどいてハッピーグルメ弁当メニューに無いんですよ！ 食べてみたいー！

どんどん

URL：http://www.dondon.co.jp

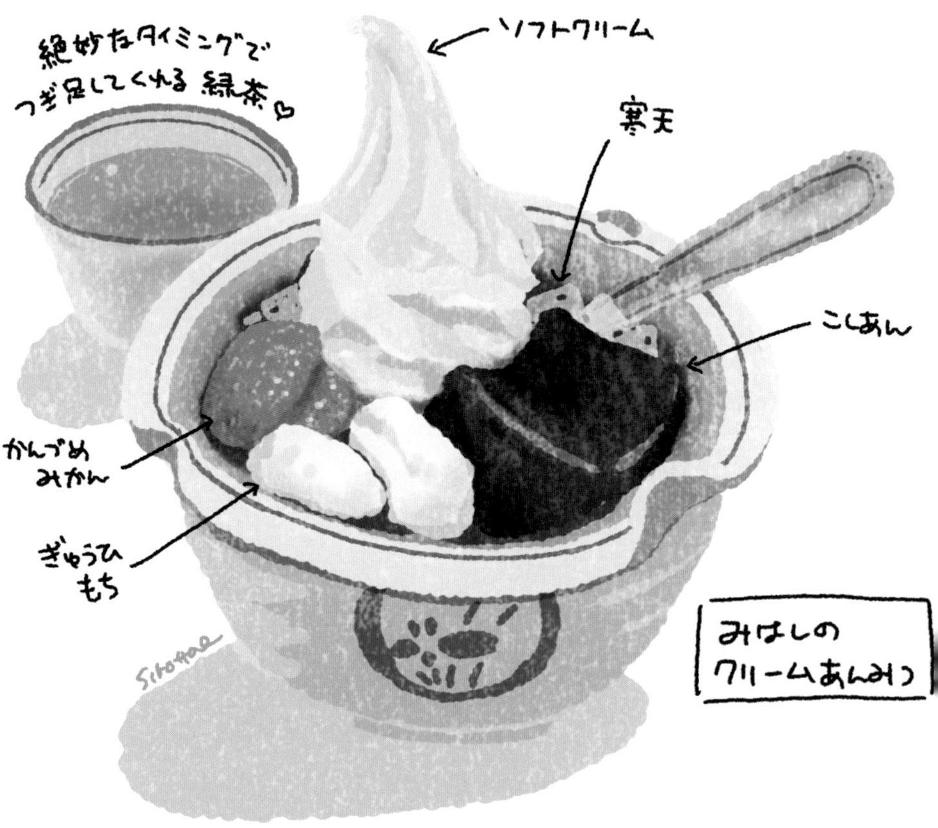
絶妙なタイミングで
つぎ足してくれる 緑茶♡
ソフトクリーム
寒天
こしあん
かんづめ
みかん
ぎゅうひ
もち
みはしの
クリームあんみつ

上野にある人気甘味処。ここのあんみつは（粒あんを指定しない限り）こしあんタイプ。このあんこが甘すぎず、最初からかかってる蜜と絶妙なバランスを醸し出し器の中は天国（ヘブン）状態。そんな完成度の高いあんみつの上にソフトクリームが鎮座ましましているのが「クリームあんみつ」。
ソフトクリームさん、あんみつのストレートな甘さを丸〜くまとめてくれているんですよ！ 天使（エンジェル）か。

あんみつ みはし（上野本店）

東京都台東区上野 4-9-7
TEL：03-3831-0384　　URL：https://www.mihashi.co.jp

お茶と一緒に味わう節分
鈴懸(すずかけ)の
節分上生菓子(専用箱入り)
※販売期間
1月下旬～2月3日まで
専用箱がシンプルかわいい
この鬼の顔すき…
箱のウラも見てね
ツノが酢こんぶ!
すっぱかわいい!
鬼(おに)
中はつぶあん、目はあられ
見た目ゴツいけど
いちばんやわらかい
やさしい…
升(ます)
あずきとえんどう豆入り
ツートンカラー升。豆は
中にもぎっしり。やる気満々
お多福(おたふく)
山芋の香りただよう上品な
こしあんまんじゅう。
心なしかお顔が癒し系

1月下旬～2月3日まで販売される節分のための上生菓子。鬼は外福は内を3つの和菓子で表現。お豆ぎっしりやる気満々の升を挟んで鬼とおたふく。鬼のツノが酢昆布。かわいい！ すっぱかわいい！ お茶と一緒に楽しむ節分というのも優雅だなあと思いながらゆったり味わいました。このお菓子はぜひ専用箱も一緒に堪能してほしい！ …鬼は外福は内…。

鈴懸オンラインショップ

TEL：0120-05-2867
URL：https://www.suzukakeshop.com

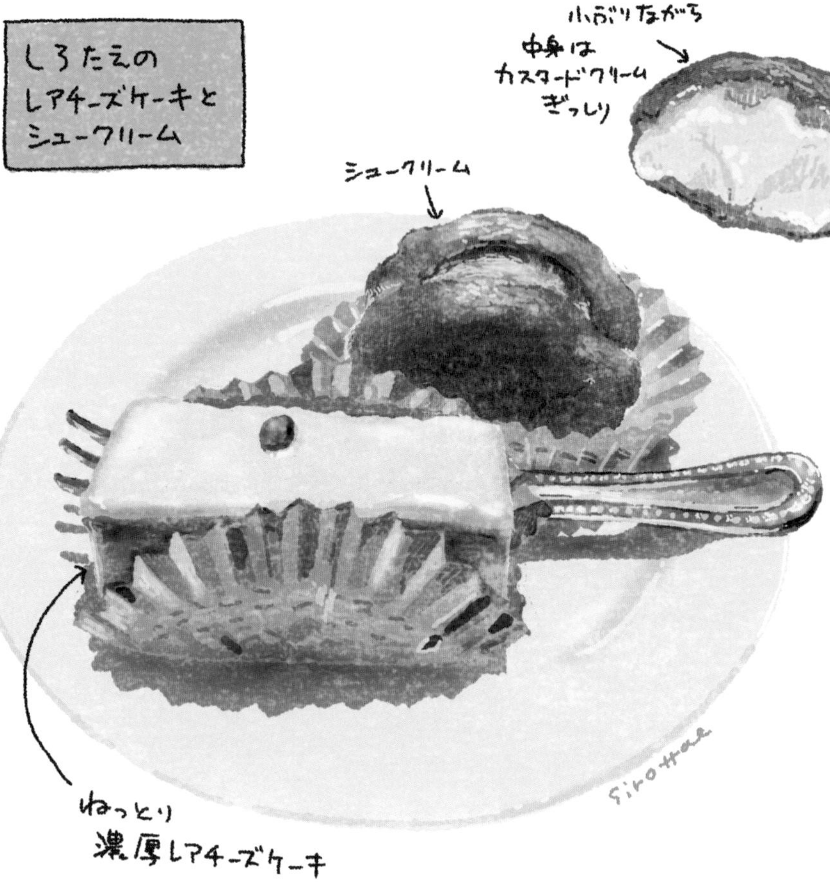
しろたえの
レアチーズケーキと
シュークリーム
小ぶりながら
中身は
カスタードクリーム
ぎっしり
シュークリーム
ねっとり
濃厚レアチーズケーキ

赤坂にあるレアチーズケーキで名を轟かせている洋菓子屋さん。
小ぶりだけれどねっとりさっぱりバランスの取れたレアチーズケーキ。
なのに後味さっぱり。いつも添えちゃうカスタードクリームぎっしりなシュークリームもお気に入り。こういう時のシューはフォークで行くか手掴みか、いつも悩みます。どっちなんだろ…。

西洋菓子 しろたえ

東京都港区赤坂 4-1-4
TEL：03-3586-9039

和菓子屋が送る朝の至福
うさぎやCAFÉの
うさパンケーキ
ほうじ茶
ティーバッグ置き
発酵バター
つぶあん
ものすごい存在感なバターナイフ
食べ方
皮の白い方にバターナイフで
バターやあんこのっけて
2つ折りにしみみをぴちっととじて
手づかみでたべる!!
とけたバター
(たまにたれてくる)
たまらない
焼きたてどらやきの皮(4枚)

オープンから9時10分までに来店された方に提供される人気メニュー。前からね思ってたんですよねどら焼きって皮だけ食べたらパンケーキなんじゃないかって。本店の老舗和菓子屋「うさぎや」から運ばれてくる焼きたてぬくぬくのどらや…パンケーキにバターやあんこを挟んでフチを閉じ、それを手づかみで食べる！ パンケーキ…パンケ…どら焼きやーん！

うさぎや CAFÉ

東京都台東区上野 1-17-5-1 階

TEL：03-6240-1561　URL：http://usagiya-cafe.com

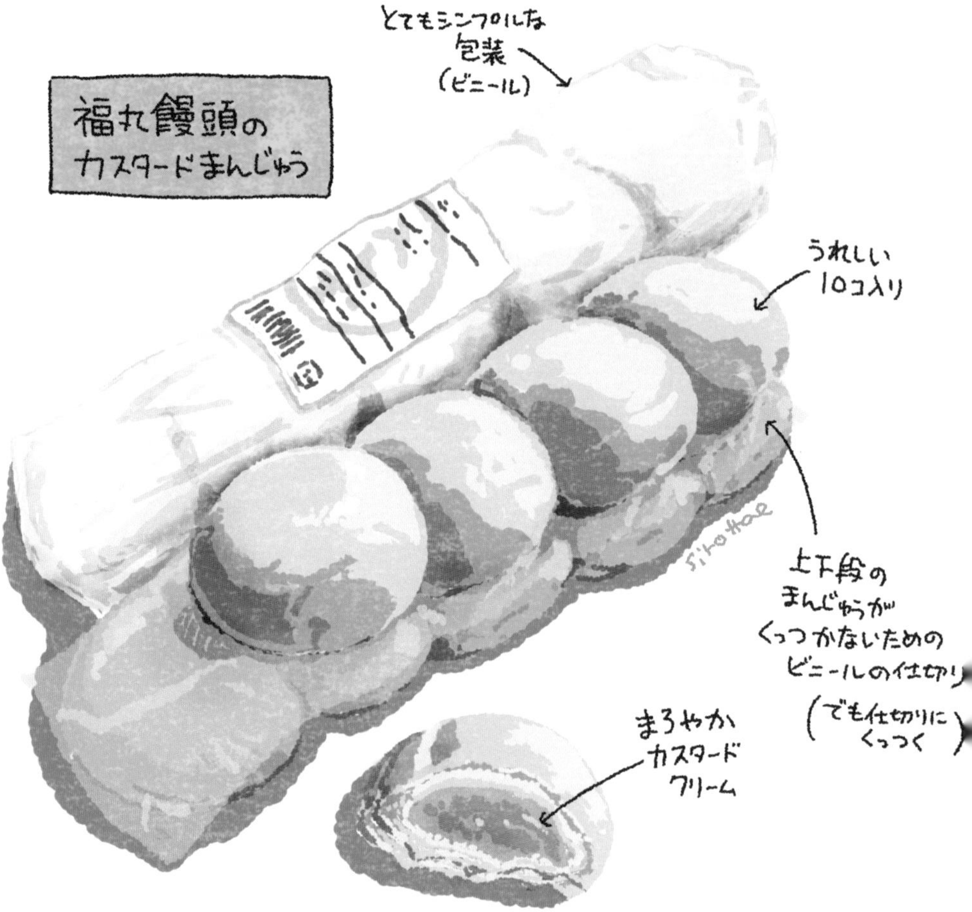
福丸饅頭の
カスタードまんじゅう
とてもシンプルな
包装
(ビニール)
うれしい
10コ入り
上下段の
まんじゅうが
くっつかないための
ビニールの仕切り
(でも仕切りに
くっつく)
まろやか
カスタード
クリーム

駅などの期間限定売店で見かける饅頭屋のおまんじゅう。本店は谷中。一口でぱくりといけるサイズにカスタードクリームがぎゅっと詰まったかわいい子。お店イチオシの黒糖饅頭を初めいろいろ味があるけどこのカスタード味が一番好き。10個入りというのが小分けに食べられてありがたい！ 見かけるとつい買っちゃう…(´ω`)

谷中福丸饅頭

東京都台東区谷中 3-7-8

TEL：03-3823-0709　　URL：http://www.foodgallery.co.jp

田子の月の富士山頂

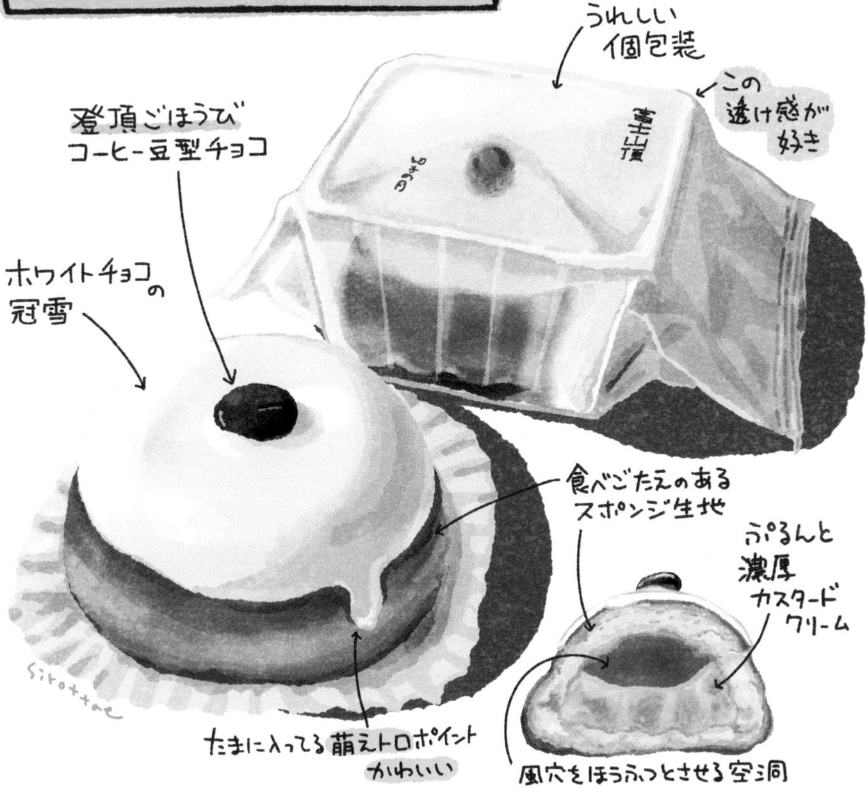
うれしい
個包装
この
透け感が
好き
登頂ごほうび
コーヒー豆型チョコ
ホワイトチョコの
冠雪
食べごたえのある
スポンジ生地
ぷるんと
濃厚
カスタード
クリーム
たまに入ってる萌えトロポイント
かわいい
風穴をほうふつとさせる空洞

富士山の麓、富士市にある製菓メーカーのお菓子。手のひらに乗る小ぶりサイズの中に詰まった富士山への愛。スポンジ生地の山肌にホワイトチョコの冠雪、中にはマグマの代わりに濃厚カスタード。そして山頂には登頂ごほうびのコーヒー豆型チョコレート。スタートから2～3口で登頂できちゃう可愛くて美味しい富士山なのです。優しい世界…。

田子の月

URL：https://tagonotsuki.co.jp

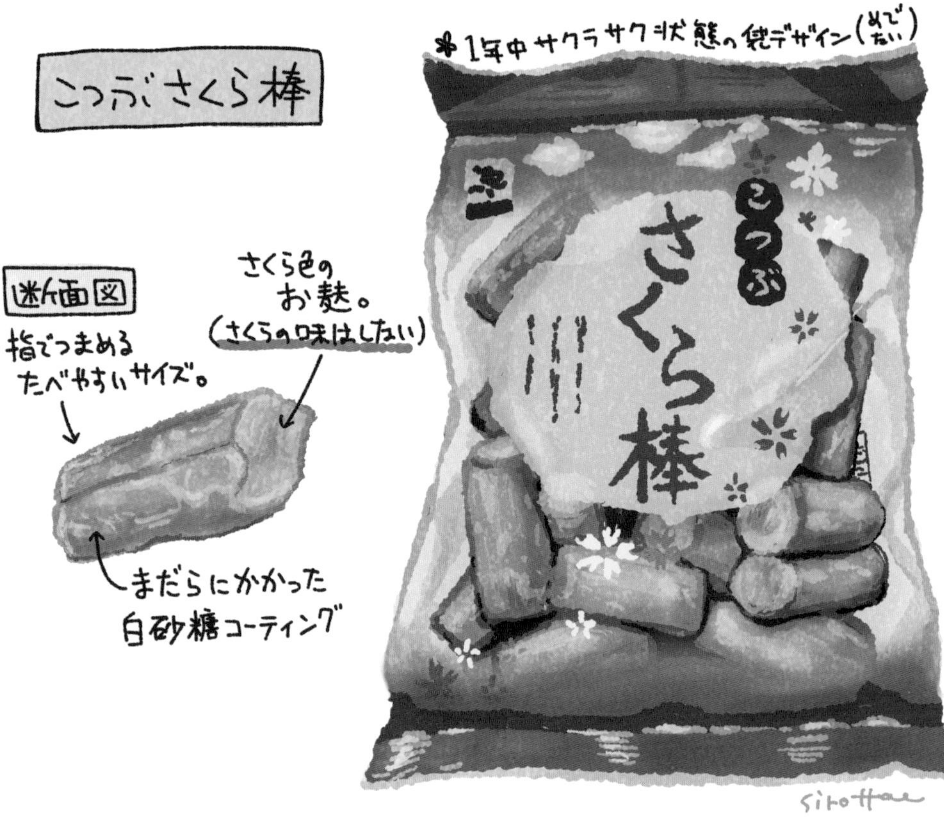

こつぶさくら棒
＊1年中サクラサク状態の絵デザイン(めでたい)
断面図
指でつまめる
たべやすいサイズ。
さくら色の
お麩。
(さくらの味はしない)
まだらにかかった
白砂糖コーティング
こつぶ
さくら棒

静岡で麩(ふ)菓子といったら「さくら棒」。TVでは1mくらいの長～いのが紹介されるけれどこちらは近年さくら棒のなかで大革命が起きたと勝手に思った製品。ミニサイズ。フィンガーさくら棒。かわいい。そして白砂糖コーティングがまんべんなくかかっていてどれも甘い！ 嬉しい！ 普通サイズも好きだけど、甘さを求めるときはこちらを買います！

敷島産業

岐阜県本巣市見延 1399 番地 2

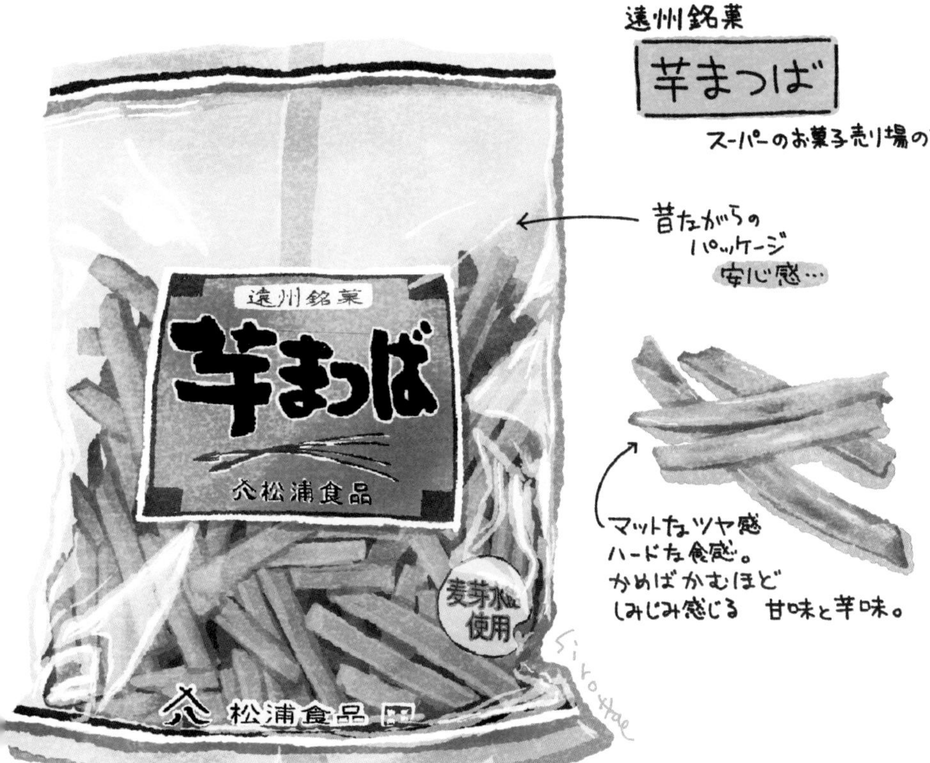
遠州銘菓
芋まつば
スーパーのお菓子売り場の重鎮。
昔ながらの
パッケージ
安心感…
遠州銘菓
芋まつば
松浦食品
麦芽水
使用
松浦食品
マットなツヤ感
ハードな食感。
かめばかむほど
しみじみ感じる　甘味と芋味。

静岡のスーパーで割と普通に売っている遠州銘菓。昔ながらのパッケージに昔ながらの芋まつば。お年寄りホイホイの食べ物なのに歯に容赦ないハード食感。この硬派な感じがたまらない！ 噛めば噛むほどじんわりくる甘味につい止まらなくなりバリバリと噛み続け翌朝顎の筋肉痛になりがち。顎も鍛えてくれる芋まつばさん。やだイケメン…。

松浦食品オンラインショップ

URL：http://www.imomatsuba.com

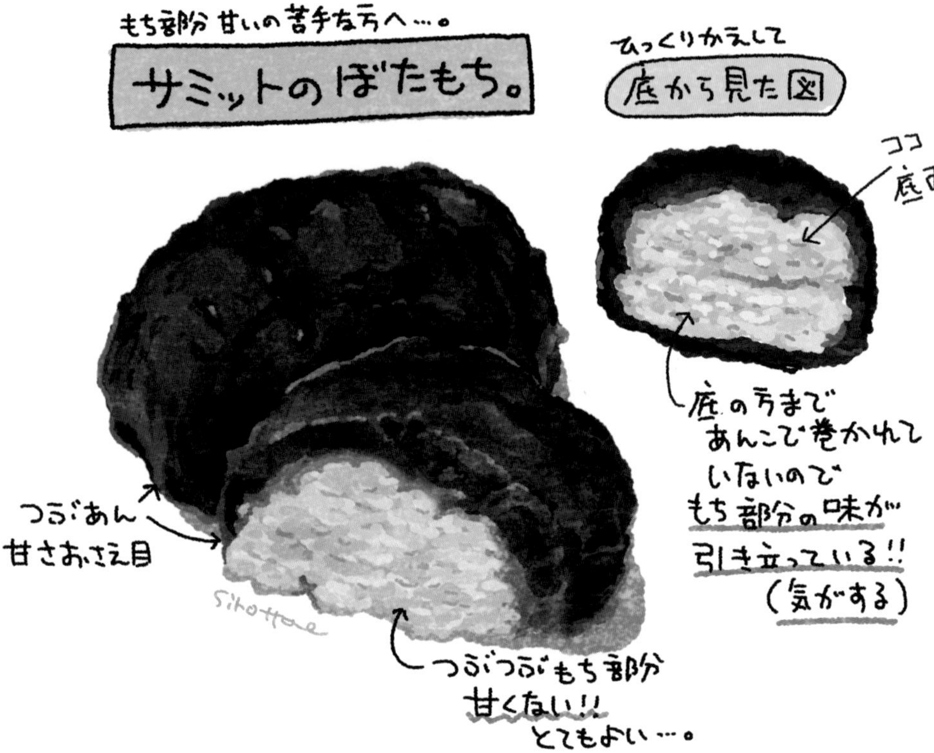
もち部分 甘いの苦手な方へ…。
サミットのぼたもち。
ひっくりかえして
底から見た図
ココ
底面。
底の方まで
あんこで巻かれて
いないので
もち部分の味が
引き立っている!!
(気がする)
つぶあん
甘さおさえ目
つぶつぶもち部分
甘くない!!
とてもよい…。

東京・神奈川・千葉・埼玉に展開しているスーパーマーケット。総菜コーナーになぜか一年中ずっと売られている人気商品。ここのぼたもち、つぶつぶお餅部分が甘くないんです。最高。これを探してた！ 近頃のぼたもちお餅甘いの多いから…。底面に餡がないのもクドくなくてどんどん食べちゃう…カロリー怖い…でも止まらない…。

サミット

URL：https://www.summitstore.co.jp

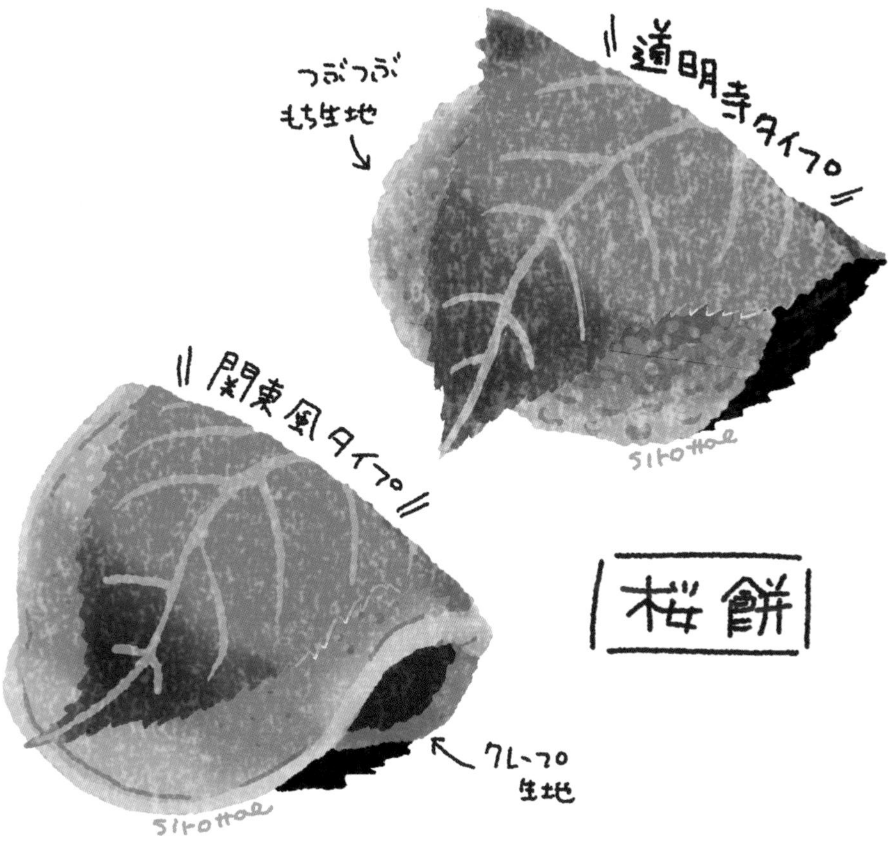

道明寺タイプ
つぶつぶ
もち生地
関東風タイプ
桜餅
クレープ
生地

関東と関西の桜餅。関東風は「長命寺」関西のは「道明寺」と呼ぶことも。
そのエリアに住む人はそれが当たり前だから「○○風」とは言わないけれど東京では二つ並ぶことが多いため、表記されてることが多いような気がします。親切。
(´-`).。oO(私は道明寺タイプが好きです。もっちりは正義…。)

関東と関西の桜餅

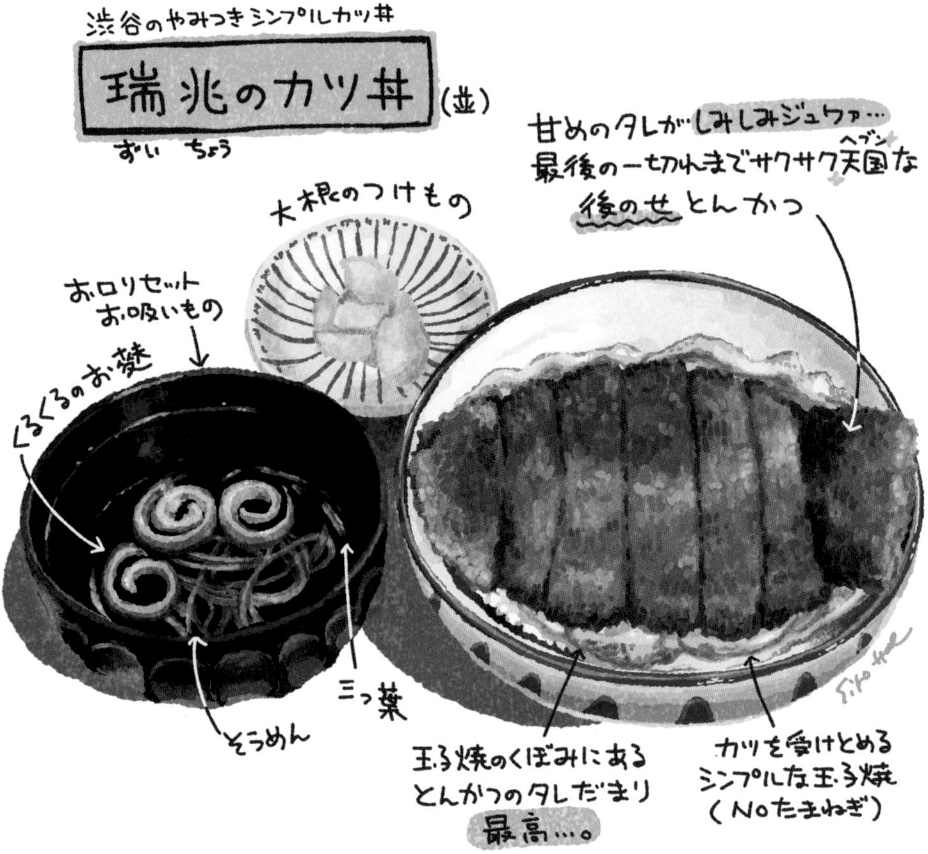
渋谷のやみつきシンプルカツ丼
瑞兆《ずいちょう》のカツ丼（並）
甘めのタレがしみしみジュワァ…
最後の一切れまでサクサク天国《ヘブン》な
後のせとんかつ
大根のつけもの
おロリセット
お吸いもの
くるくるのお麩
そうめん
三つ葉
玉子焼のくぼみにある
とんかつのタレだまり
最高…。
カツを受けとめる
シンプルな玉子焼
（Noたまねぎ）

渋谷にある行列のできるカツ丼。甘めのサラリとしたタレがかけられたカツは玉子と一緒に煮込んでないため1枚まるまるサックサク。噛むとタレがじゅわぁ…これが最後まで続きます。最高か。玉ねぎもなく味付けもない玉子焼きはただシンプルにカツの旨味とタレを受け止める。カツ・タレ・玉子・飯。シンプル構成だからこそ引き立て合う美味さ。最高か…。

瑞兆

東京都渋谷区宇田川町 41-26 パピエビル 1F

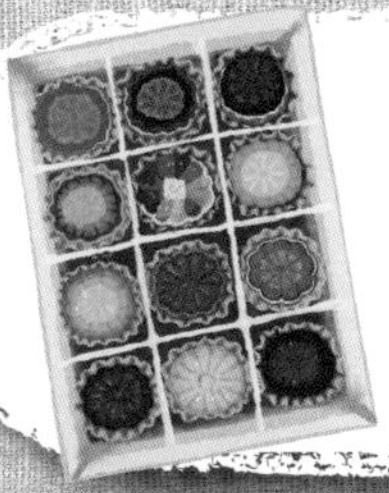

おうちで楽しむ

歩き回って探すのもいいけれど、
こっちも魅力的。
おうち時間を彩るお取り寄せの数々です。

牛のネギトロ
十勝スロウフードの
牛とろフレーク
(200g×1カップ
専用たれセット)
このカップ1つで
牛トロ丼5杯分
たっぷり
牛トロフレーク
凍ったままあつあつご飯に。
のせて、タレかけて…
ごはんの熱でじんわりとけていく…
トロトロの至福
スーパーで
買ってきた
きざみネギ
BORNFREE
FARM
牛トロに
しみこんでいく
タレ
専用たれ
ポン酢系の味

牛肉が好きです。ネギトロも好きです。そんな私が見つけてしまった「牛とろ」の文字。速攻お取り寄せです。生ハムと同じ工程で作られた「牛とろ」を凍ったまま熱々ご飯の上にかけ溶ける過程を楽しみながら食べる。ある意味生牛丼。ご飯のあつあつと牛とろのひやひやが口の中に交互にやってくる。たのしい。楽しんでる間に食べ終わっちゃう。おかわり…。

牛とろの北海道 十勝スロウフード

URL:https://www.gyutoro.com

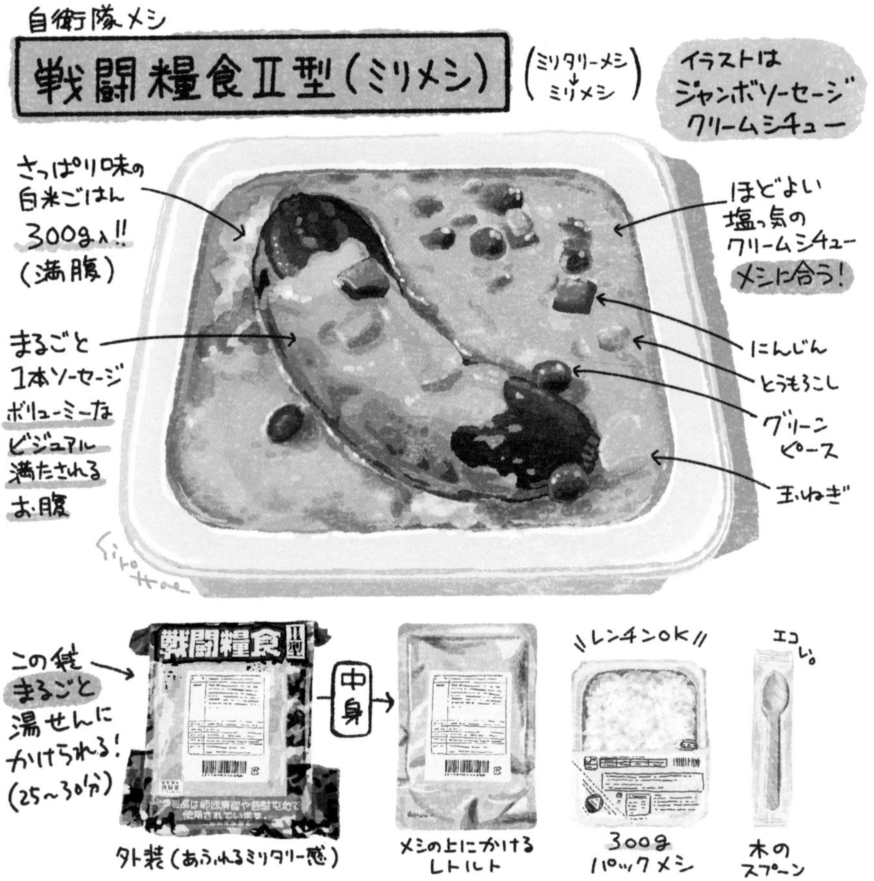
自衛隊メシ
戦闘糧食II型(ミリメシ)
(ミリタリーメシ ↓ ミリメシ)
イラストは ジャンボソーセージ クリームシチュー
さっぱり味の 白米ごはん 300g入!! (満腹)
ほどよい 塩っ気の クリームシチュー メシに合う!
まるごと 1本ソーセージ ボリューミーな ビジュアル 満たされる お腹
にんじん
とうもろこし
グリーン ピース
玉ねぎ
戦闘糧食 II型
この袋 まるごと 湯せんに かけられる! (25〜30分)
中身
外装(あふれるミリタリー感)
メシの上にかける レトルト
レンチンOK
300g パックメシ
エコ い。
木の スプーン

一部の自衛隊が実際に食べている戦闘食(レーション)の市販品。活動量ハンパない自衛官の皆さんの腹を満たす300g入り白米にボリュームおかずをぶっかけ食べる。ああこれはめっちゃ動いた後に食べたら確実に沁みわたる…飯は活力…。
いくつか食べてみて個人的にこのシチュー味が好みでした。白米にシチュー論争はいったん休戦で…。

カネハチ早川商店

URL：http://hayakawa-japan.com

自宅でゆっくりスープ三昧
Soup《スープ》 Stock《ストック》 Tokyo《トーキョー》の冷凍スープ
好きなスープ6コ選べる
「選べる6スープセット」を注文したよ
オマール海老のビスク
東京サムゲタン
個人的2トップ
(好きすぎて2つずつセレクト)
(つかれた時に食べたくなる)
東京ボルシチ
(パンにもごはんにも。ゴロゴロ牛肉のボリューム)
とうもろこしとさつまいものポタージュ
(スープといったらポタージュ飲みたい欲。)
いちばん大好きオマール海老のビスク
1口めから最後まで口の中ずっと海老。
Soup Stock TOKYO
オプションで買える専用カップ
お店で食べてる感UP!!
あたためが全て冷凍からレンチン→あつあつスープできあがりなのがうれしい!(180gの場合)

都会の駅ナカなどで見かけるスープ屋のお取り寄せ。いつ食べても美味しいスープなんだけど「疲れた時家でゆっくりここのスープ飲むと心が元気になるよ」と友人に教えてもらい素敵…と思ってお取り寄せ。このスープ、冷凍からレンチンで温められるんです。数分待てば熱々スープのできあがり。疲れたり弱ってる時超助かる。心と体に沁み渡るぅ…。

Soup Stock Tokyo ONLINE SHOP

URL：https://ec.soup-stock-tokyo.com

久《く》世《ぜ》福《ふく》商店の海苔バター

切るとき
ちょっと
ドキドキ
する
金色の
封シール
海苔《のり》
バター
KUZE FUKU & CO.
先に食パンにぬってから
こんがり目にトースすると
海苔とバターのコク
増し増しに。
〃しょう油の香りがたまらない〃
いい音立てながら
あつあつを
かぶりつきたい

お取り寄せ情報を見ていて気になった食べ物。海苔佃煮とバター。想像がつかない。好奇心…お取り寄せ…ポチッ…。海苔バター、見た目完全に海苔の佃煮。そのまま食べてもご飯に載せても海苔の佃煮ぽいけれど食パンに塗ってからややこんがり目に焼いたとたん化けます。醤油と海苔とバター的なコク、マシマシ。ぜひ食パンに塗って焼いてほしい！

久世福商店・サンクゼール公式オンラインショップ

URL：https://kuzefuku.com

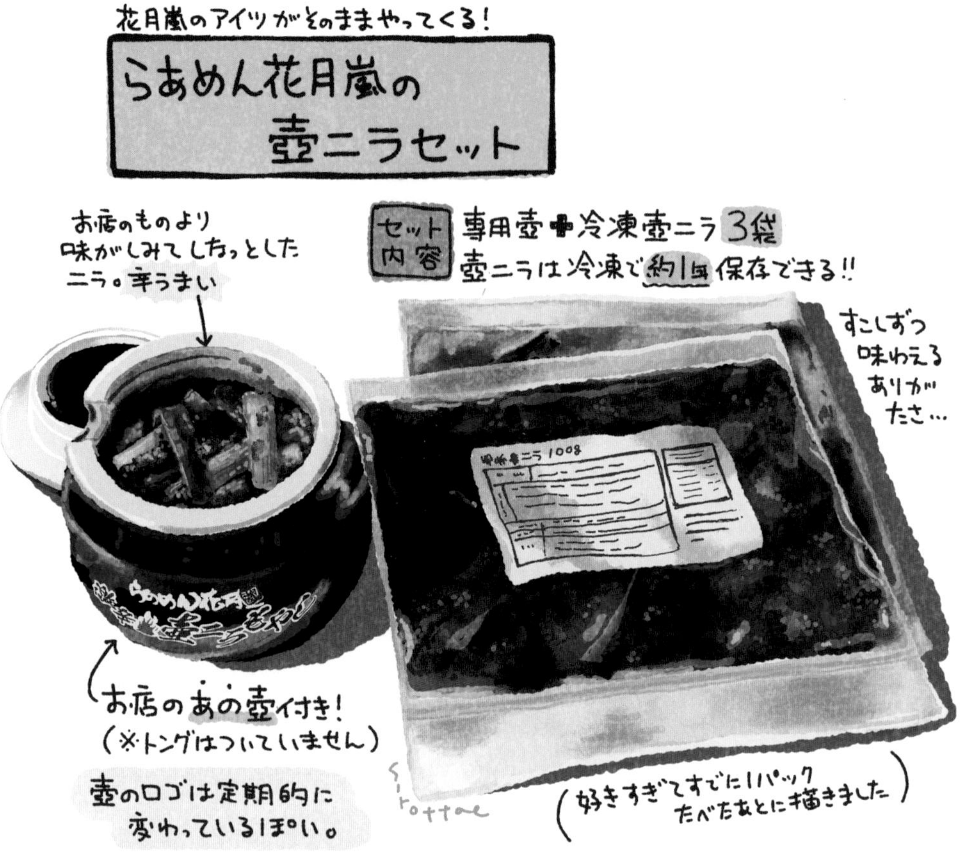
花月嵐のアイツがそのままやってくる！
らあめん花月嵐の
壺ニラセット
お店のものより
味がしみてしなっとした
ニラ。辛うまい
セット内容
専用壺＋冷凍壺ニラ3袋
壺ニラは冷凍で約1年保存できる!!
すこしずつ
味わえる
ありが
たさ…
壺ニラ100g
お店のあの壺付き！
（※トングはついていません）
壺のロゴは定期的に
変わっているぽい。
（好きすぎてすでに1パック
たべたあとに描きました）

らあめん花月嵐の壺ニラが好きです。壺ニラのためにラーメンを頼む時があります。そんな壺ニラを壺ごとお取り寄せできるのを発見。いやもう頼むでしょ！ 冷凍品なのでニラはややしんなりしているけれど味は花月嵐のあの壺ニラの味。コレコレこの味！ この壺の質感！ オンザライスして食べまくりました。辛まんぞく。オンザ豆腐もイケるよ！

らあめん花月嵐 ネットSHOP

TEL：03-3618-6241

URL：https://store.shopping.yahoo.co.jp/arashi-netshop

食べておいしい 使ってカワイイ
有田焼カレー(大)と
有田焼チーズケーキ(S)
カレー
中身
チーズ
スパイシーカレー
ごはん
チーズケーキ
中身
まん中
クリーム状
とろーりゾーン
外側
なめらかふわふわ
ゾーン
チーズケーキ(Sサイズ)
有田焼カレー(大サイズ)
有田焼の器入り。
柄も色々あるよ
(今回はカレー.ケーキ共
ねこ柄をセレクト)
かわいい

佐賀県有田市で売られている駅弁をお取り寄せ。初めから専用の有田焼に盛られた状態で届きます。ジワ辛スパイシービーフカレーにチーズがまろやか。カレーを食べ終わった後に向かうチーズケーキは外はふわっと中はクリームのようなとろとろ具合。アッこれ幸せなやつだ私にはわかる…。
あと食べ終わった後の器！ めっちゃ使えます。もう一枚欲しい。

有田テラス

URL：https://aritayakicurry.com

ごはんを呼ぶ1ポンド角煮

米久《よねきゅう》の豚肉の味噌煮込み

（※1ポンド ＝ 453.592g）

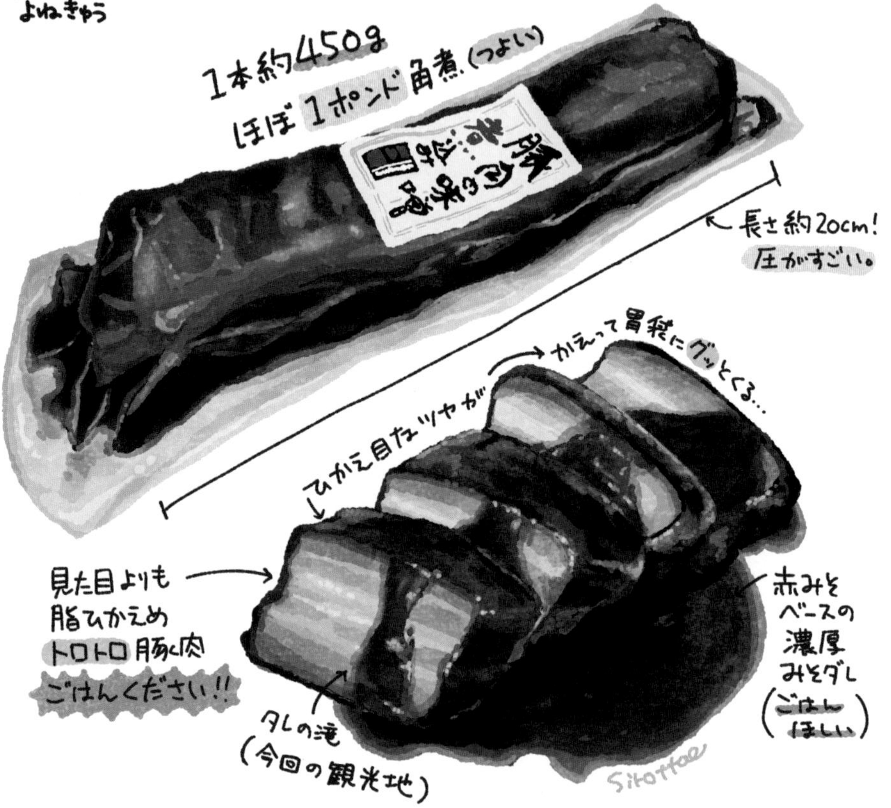
1本約450g
ほぼ1ポンド角煮（つよい）
長さ約20cm！
圧がすごい。
かえって胃袋にグッとくる…
ひかえ目なツヤが
見た目よりも
脂ひかえめ
トロトロ豚肉
ごはんください!!
赤みを
ベースの
濃厚
みそダレ
（ごはん
ほしい）
タレの滝
（今回の観光地）

疲れたりストレスが溜まったりした時たらふく肉を食べたくなりませんか？そんな願いを叶えるお取り寄せ。一本約450グラム！ ほぼ1ポンドの角煮。独り占めしてもいいと思う。満足するまで食べよ？ しっかり味が入ってるけれど意外に脂控えめ。タレの滝を見ながら食べているとご飯…ご飯が欲しくなる…食べよ?? 今日はポンド角煮飯祭りじゃー!!

米久

URL：https://www.yonekyu.co.jp

食卓で解き放たれし「封印」

わさび漬け 封印《ふういん》

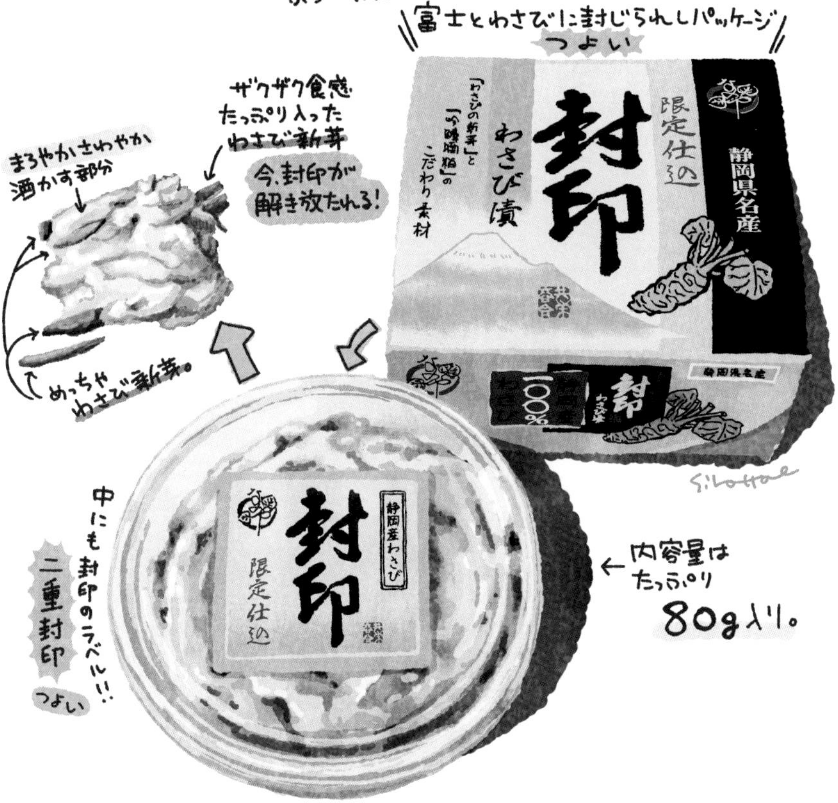

富士とわさびに封じられしパッケージ
つよい
ザクザク食感
たっぷり入った
わさび新芽
まろやかさわやか
酒かす部分
今、封印が
解き放たれる!
めっちゃ
わさび新芽。
限定仕込
封印
わさび漬
「わさびの新芽」と「吟醸酒粕」のこだわり素材
静岡県名産
中にも封印のラベル!!
二重封印
つよい
静岡産わさび
封印
限定仕込
内容量は
たっぷり
80g入り。

思わず2度見しちゃう商品名のわさび漬け。3度見したのでお取り寄せ。外装に封印、中にも封印の2重封印状態から解き放たれたそれは粗く刻まれたわさび新芽がザクザク入ったわさび漬け。噛んだ瞬間舌に伝わる新芽に閉じ込められた爽やかな香りと鮮烈な辛味！ そして人類は悟るのです。これか…これが封印されていたのかー!! と…。

菜乃屋

URL：http://www.nanoya.jp

ゴクゴクいけるとうきび
北海道
とうきび茶
※北海道
限定販売
とうきびの濃くすっきりした
甘さと香ばしさ
口の中いっぱいに
展開する
さわやかな風吹く
とうきび畑
クドくないので
グビグビいける。
北海道限定
伊藤園
Corn Blend Tea
北海道
とうきび茶
道の水と4つの素材で作りました
フェイン0 カロリー0
とうきびの他に
・玄米
・黒豆
・小豆
も入ってる
とうきび、水含め
全て北海道産
北海道工場生産。
伊藤園の本気
うれしい
・カフェイン0
・カロリー0
・炭水化物0g!
濃い金色(豊作感)

北海道限定販売の伊藤園の本気。飲んだ瞬間お口の中にとうきび畑展開。あれ…私…今北海道にいる…？　原料のとうきび(とうもろこし)を初めブレンド用の玄米・黒豆・小豆・水に至るまで北海道産。さらに北海道の工場で生産というこだわりよう。気迫がすごい。伊藤園さん本気が過ぎる！　何気にカフェイン0なのも嬉しい。ぐびぐび飲んじゃう。

伊藤園

URL：https://www.itoen.jp

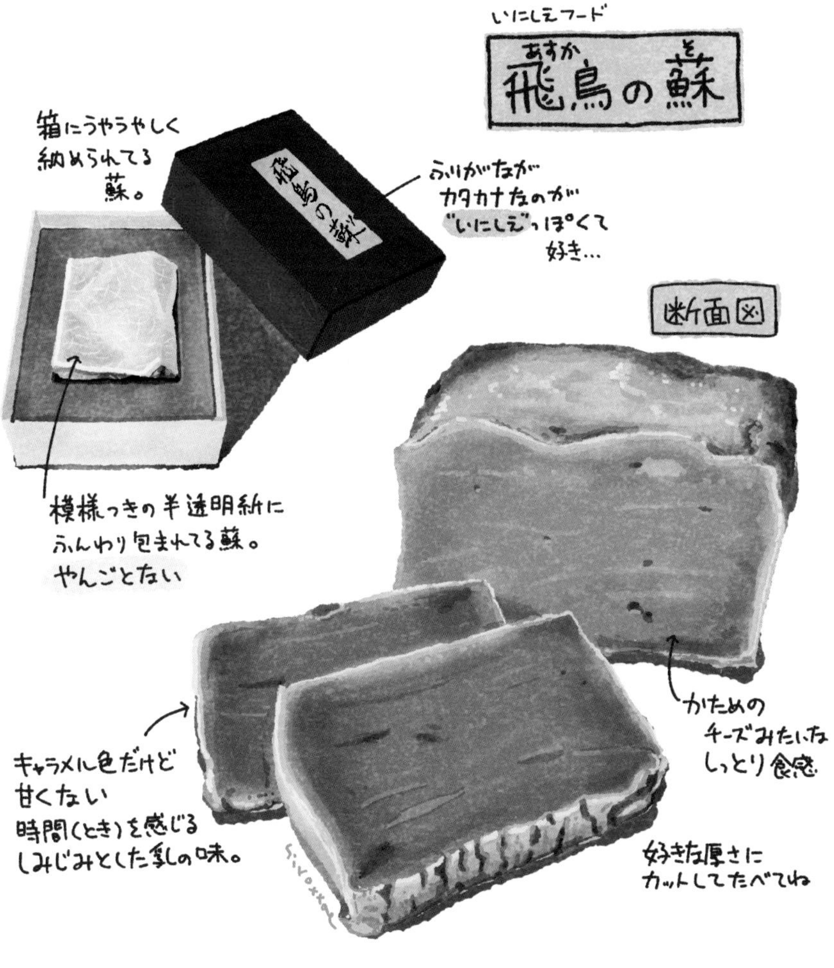
いにしえフード
飛鳥《あすか》の蘇《そ》
箱にうやうやしく納められてる蘇。
ふりがながカタカナなのが"いにしえ"っぽくて好き…
断面図
模様つきの半透明紙にふんわり包まれてる蘇。
やんごとない
かための
チーズみたいな
しっとり食感
キャラメル色だけど
甘くない
時間(とき)を感じる
しみじみとした乳の味。
好きな厚さに
カットしてたべてね

一時期ネットで流行った牛乳を数時間煮詰めて作るいにしえフード。以前奈良みやげでもらった記憶をたどりお取り寄せ。やんごとない感じに納められた蘇はキャラメル色をしているけれど甘くなくしょっぱくもなくひたすらにしみじみとした濃いめの乳の味。時間(とき)を感じる…。
なんかこう、少しずつ大切に食べたくなる…これがいにしえ…。

みるく工房 飛鳥

TEL：0744-22-5802
URL：http://www.asukamilk.com/index.html

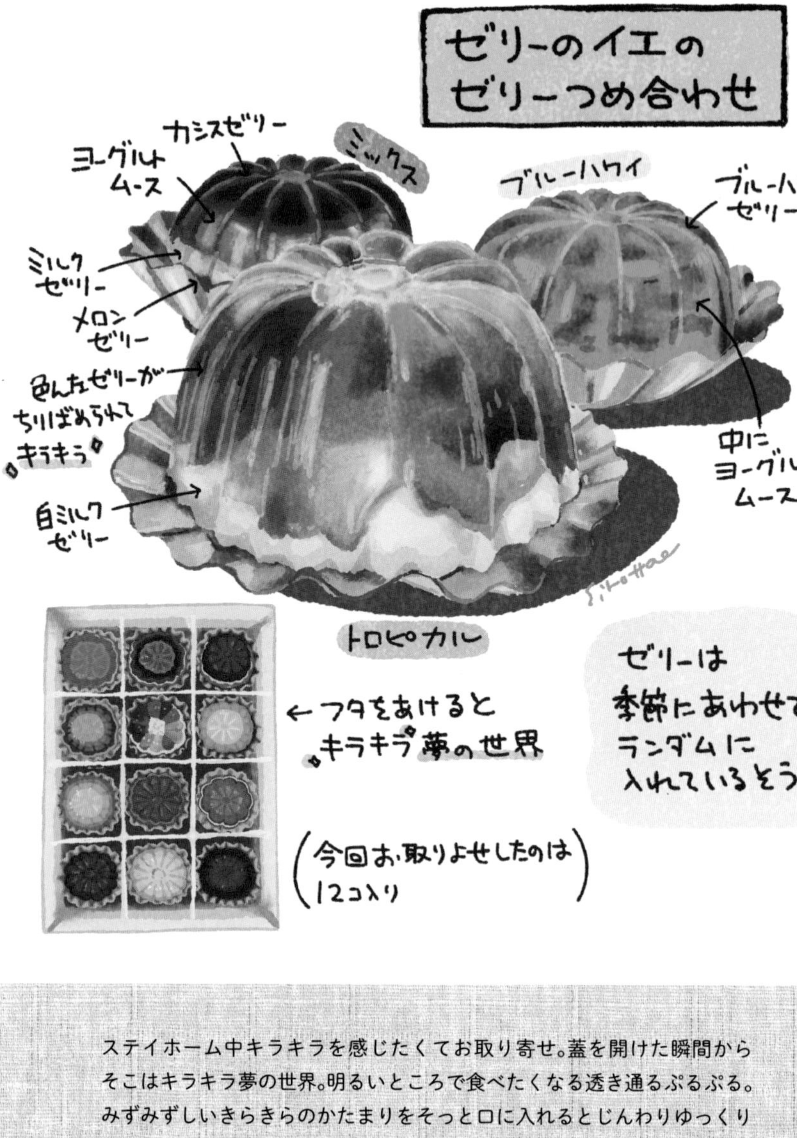
ゼリーのイエの
ゼリーつめ合わせ
カシスゼリー
ミックス
ヨーグルトムース
ミルクゼリー
メロンゼリー
色んなゼリーがちりばめられてキラキラ
白ミルクゼリー
ブルーハワイ
ブルーハワイゼリー
中にヨーグルトムース
トロピカル
←フタをあけると
キラキラ夢の世界
ゼリーは季節にあわせてランダムに入れているそう。
(今回お取りよせしたのは 12コ入り)

ステイホーム中キラキラを感じたくてお取り寄せ。蓋を開けた瞬間からそこはキラキラ夢の世界。明るいところで食べたくなる透き通るぷるぷる。みずみずしいきらきらのかたまりをそっと口に入れるとじんわりゆっくり溶けていく…。儚くもやさしいゼリー…。この儚さがすき。時間をかけてゆっくり愛でながらたべたい…。

ゼリーのイエ

福島県いわき市常磐上湯長谷町釜ノ前 1-1 いわき FC パーク 3F
TEL：0246-84-8442　URL：https://www.zerry-house.com

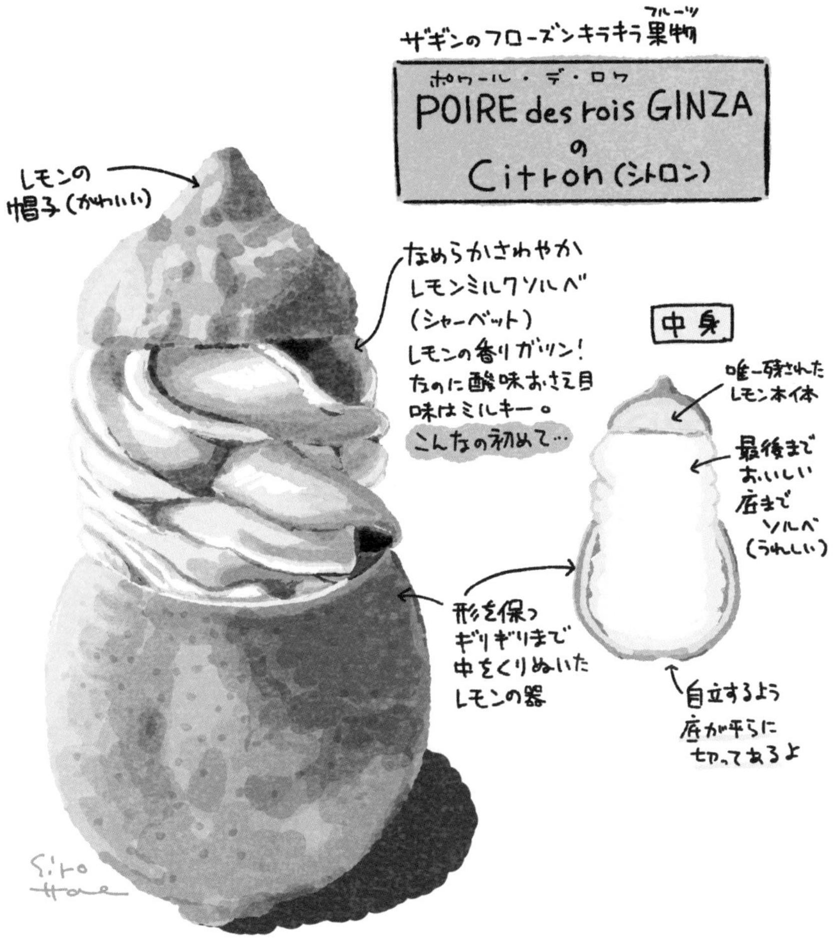
ザギンのフローズンキラキラ果物《フルーツ》
POIRE des rois《ポワール・デ・ロワ》 GINZA
の
Citron（シトロン）
レモンの
帽子（かわいい）
なめらかさわやか
レモンミルクソルベ
（シャーベット）
レモンの香りガツン！
なのに酸味おさえ目
味はミルキー。
こんなの初めて…
中身
唯一残された
レモン本体
最後まで
おいしい
底まで
ソルベ
（うれしい）
形を保つ
ギリギリまで
中をくりぬいた
レモンの器
自立するよう
底が平らに
切ってあるよ

かつて銀座に店舗があり、現在はオンライン販売のみの高級アイス屋さん。ステイホーム中おしゃれを食べたくてお取り寄せ。くりぬきレモンに下から上までぎっしりのなめらかさわやかレモンミルクソルベ。見た目より量もありオシャンティ大満足アイスでした。頭に乗ったレモンの帽子がまたかわいい！ 私の胃袋の中のおしゃれは満たされた…。

ポアール・デ・ロワ

URL：https://poire.jp

スイーツ鉱石

ハラペコラボの こうぶつヲカシ （鉱物の形の琥珀糖）

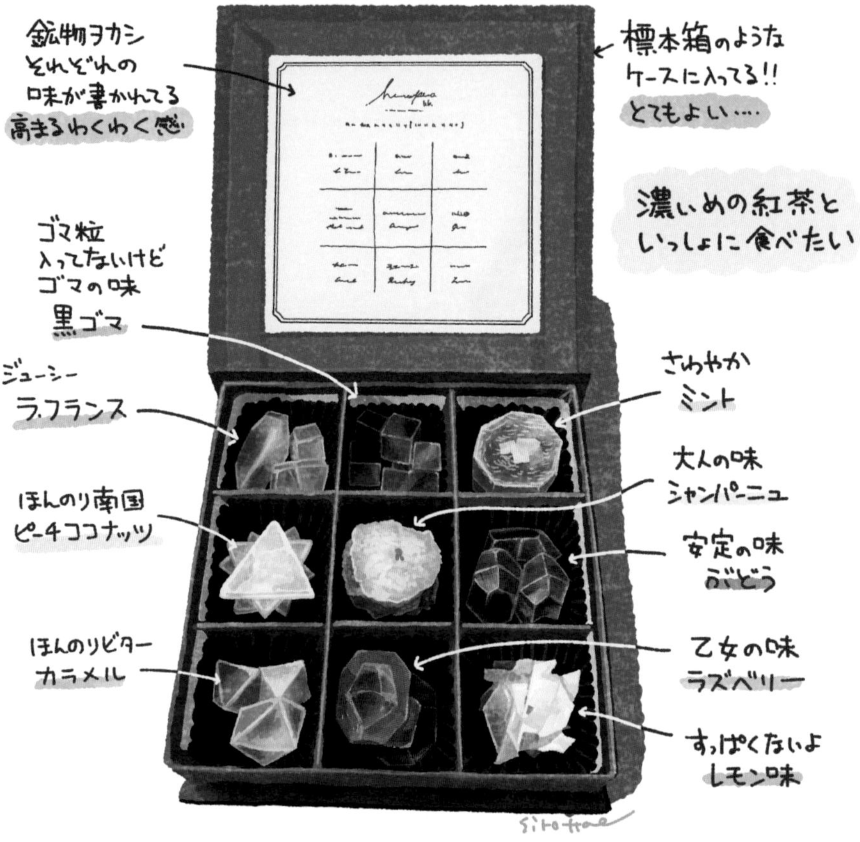
鉱物ヲカシ
それぞれの
味が書かれてる
高まるわくわく感
標本箱のような
ケースに入ってる!!
とてもよい…
濃いめの紅茶と
いっしょに食べたい
ゴマ粒
入ってないけど
ゴマの味
黒ゴマ
ジューシー
ラ・フランス
さわやか
ミント
大人の味
シャンパーニュ
ほんのり南国
ピーチココナッツ
安定の味
ぶどう
ほんのりビター
カラメル
乙女の味
ラズベリー
すっぱくないよ
レモン味

まるで鉱物な琥珀糖のセット。食べる宝石、スイーツ鉱石。愛でてよし食べてよしなお取り寄せ。蓋を開けると標本箱に収集されているような見た目のヲカシたち。蓋にはそれぞれ味の説明が。これは理科心めっちゃくすぐられる！ 食べながら「観察」しちゃう…！ 保管したい…でもこれはお菓子…揺れる気持ちと一緒に味わいました。おいちい…。

ハラペコラボ

URL：https://harapecolab.com

霜柱まさに霜柱。
霜ばしら
口に入れるとパリしゅわっととけていく…
砂糖だけで作られたシンプルな味
湿気注意
缶の底に立った状態で入ってる まさに霜柱
防湿・割れ防止用
らくがん粉
(もち米を焙煎して粉にしたもの)
フタ
缶いっぱいに入ってるらくがん粉を霜ばしらが見えてくるまでフタに移すお作法
発掘
手づくりの銘菓
霜ばしら
九重本舗
玉澤

10月頃～4月頃の間に販売される冬季限定の超繊細飴菓子。湿気＆割れ防止のために敷き詰められたらくがん粉の底には銀色に光る立った状態の本体が。もうこのビジュアルが霜柱。口の中に入れるとシンプルな甘さと共にパリしゅわ儚く溶けていく…。飴菓子だから冷たくないけどこれは冬のあの霜柱そのものですわ。この感覚、体感してほしいー!!

九重本舗 玉澤

URL：https://tamazawa.thebase.in

密室でやりとりしたくなる 山吹色のお菓子

帯封《おびふう》がソレっぽい
まぶしい
小判型金ピカケース
（プラスチック製）
中にダックワース1コ入り
サクもちダックワース部分
黒ゴマクリーム
（スリゴマ… 腹（に収まる） 黒いお菓子…）
ソレっぽい立派な黒箱（紙製）

ステイホーム期間中、いわゆる三密が話題になっていて。密→密室→密室といえば…とお取り寄せ。ソレっぽい箱を開けると眩いばかりのどストレートな山吹色。まぶしい！ 隠す気ゼロ！ 潔い！ 小判はケースになっていて、中にはゴマスリならぬ黒胡麻クリーム入りのダックワース。設定細かい。しかも地味に美味しい。お代官様と二人で食べたい。

セントラル・スコープ

URL：http://www.yamabukiiro.com

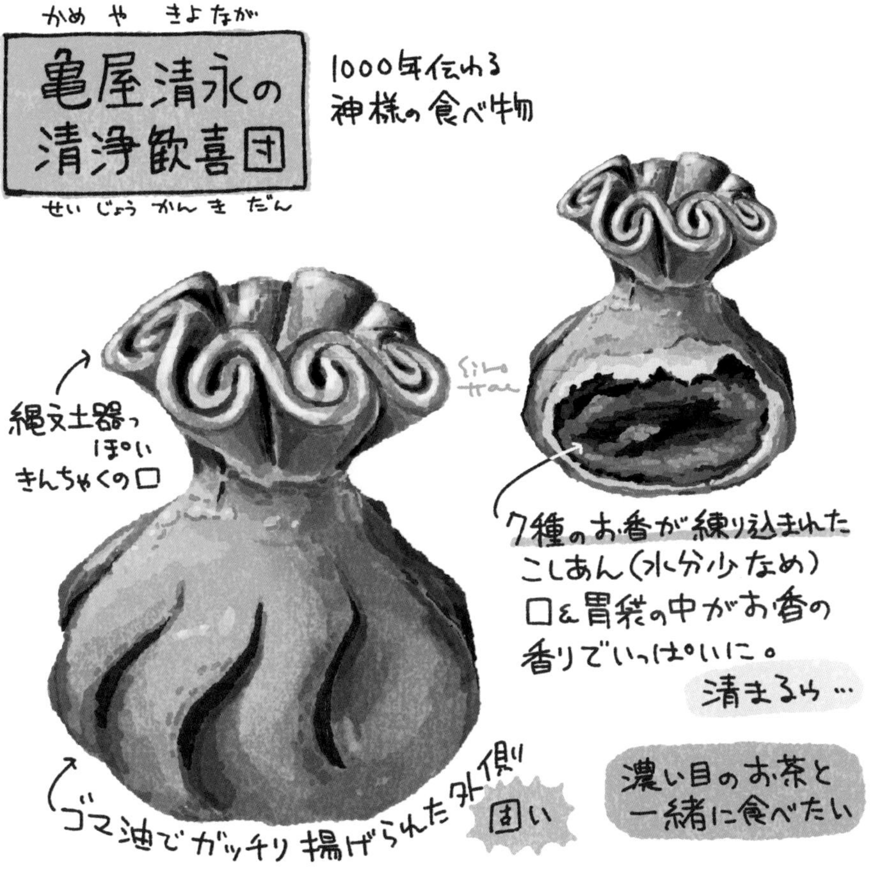

亀屋清永《かめやきよなが》の
清浄歓喜団《せいじょうかんきだん》
1000年伝わる
神様の食べ物
縄文土器っぽい
きんちゃくの口
7種のお香が練り込まれた
こしあん（水分少なめ）
口と胃袋の中がお香の
香りでいっぱいに。
清まるぅ…
ゴマ油でガッチリ揚げられた外側
固い
濃い目のお茶と
一緒に食べたい

千年前から京都で作られている神様の食べ物。こしあんにしっかり練り込まれた7種のお香は思った以上に攻めっ攻め。お香の香りがあんこの香りを凌駕する！まるで食べる香袋。お香パワーで口と胃袋が清まっていくぅ…。ごま油でしっかり揚げられた固めの袋部分の頑丈さも相まって千年の歴史と威厳をじわじわと感じました。清まるぅ…。

亀屋清永

京都府京都市東山区祇園石段下南

TEL：075-561-2181　URL：https://www.kameyakiyonaga.co.jp

新幹線のお楽しみを家で。
スジャータ
アイスクリーム（バニラ）
シンカンセンスゴイカタイアイス
抹茶も
おすすめ！
※
スゴイカタイ
アイスになるか
ならないかは
冷凍庫の
保管温度に
よって変わるそう。
まったり濃厚バニラアイス。
口に入れるとそこはもう
Welcome to the Shinkansen…
スジャータ
High Quality
ICE CREAM
バニラ
ICE CREAM
[抹茶]
新幹線
アイスと
いえば
霜《しも》
Sirottae
車内販売と同じスプーン付き！
わかってる…

新幹線の車内販売アイス。別名ｼﾝｶﾝｾﾝｽｺﾞｲｶﾀｲｱｲｽ。新幹線に乗れない日々が続く中、通販しているのを知り即お取り寄せ。外側についた霜。そうそうこれだよこれ！ 新幹線と同じスプーンで食べる濃厚バニラアイスは口に入れるとそこはもうWelcome to the Shinkansen… アイスの固さは冷凍庫保管次第なんだけどやわらかｽｸﾞｵｲｼｲｱｲｽもかなりあり！

JR 東海パッセンジャーズ オンラインショップ

URL：http://www.jrcp-shop.jp

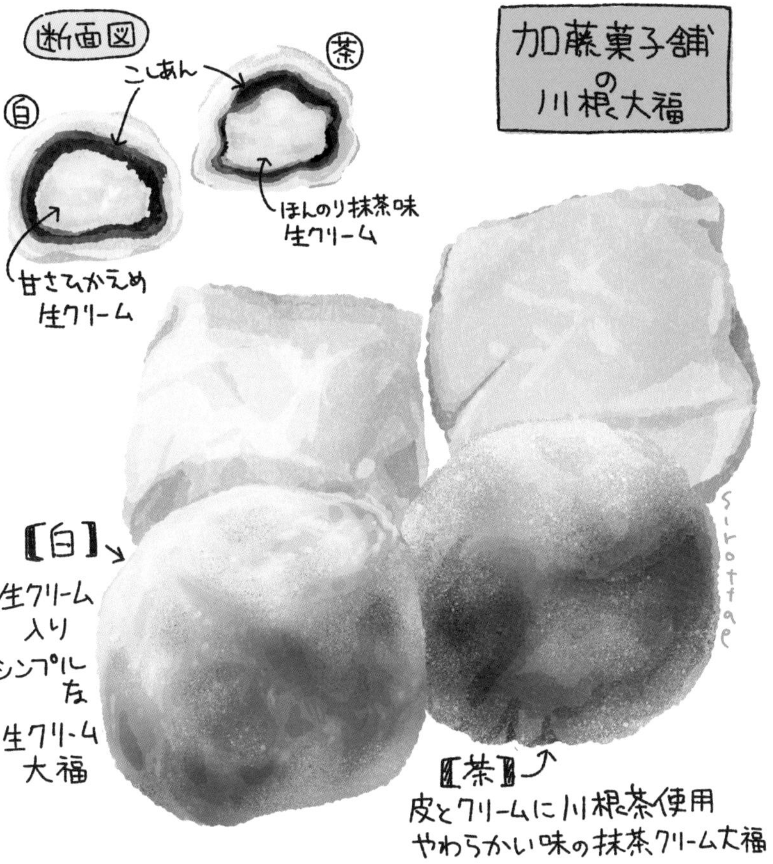
断面図
白
茶
こしあん
ほんのり抹茶味
生クリーム
甘さひかえめ
生クリーム
加藤菓子舗
の
川根大福
【白】
生クリーム
入り
シンプル
な
生クリーム
大福
【茶】
皮とクリームに川根茶使用
やわらかい味の抹茶クリーム大福
sirottae

島田の山奥、川根温泉へ行く途中の道沿いにある和菓子屋（？）の名物菓子。私にとってのファースト＆ベスト生クリーム大福。この大福を紹介する時「素朴な味の生クリーム大福だけど1個で足りるかな？」と言っています。まず「白」食べるじゃないですか。次に「茶」を食べるじゃないですか。そして〆に白食べて物足りなくて茶を食べ…（ループ）

加藤菓子舗

静岡県島田市川根町身成 3530-5
TEL：0547-53-2176

飯ごうはロマン
成田ゆめ牧場の
飯ごうでDO《どっ》プリン
プリン容量1.5ℓ(約10人分)
プリン世界(ワールド)に
どっぷり浸かれる超ボリューム
質量がやばい
水あめ状の
特濃
カラメル
ソース
(200g位
入ってる)
飯ごう
プリン食べた後
ご飯も炊ける
(4合までOK)
ロマンあふれる
使える子。
飯ごうの中ブタ
お皿がわりに
使うとロマン倍増
※プリン盛った後に
カラメルかけてね
(スプーンにカラメルくっつくため)

本物の飯盒(はんごう)に入った超容量お取り寄せプリン。容量は迫力の1.5リットル! 1.5?大した事ないでしょと思う余裕な気持ちは実物を見た途端吹っ飛びます。ワクワクといっしょに「覚悟」も芽生えるヤバ質量。程よい甘さのかためのプリンはそのまま食べたりカラメルかけたり。こまめに味変しながらお腹いっぱいプリンを堪能しました。まんぷく。

成田ゆめ牧場 オンラインショップ

TEL:0120-511-806

URL:https://www.yumeboku-shop.com

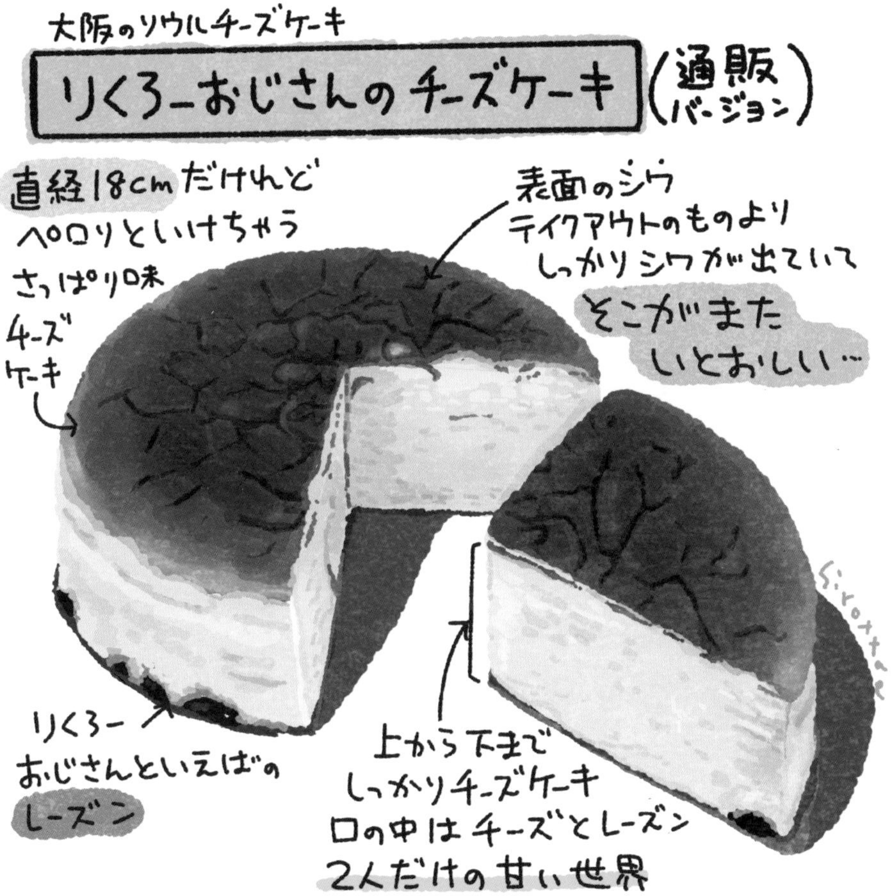
大阪のソウルチーズケーキ
りくろーおじさんのチーズケーキ
(通販バージョン)
直経18cmだけれどペロリといけちゃう
さっぱり味チーズケーキ
表面のシワテイクアウトのものよりしっかりシワが出ていて
そこがまたいとおしい…
りくろーおじさんといえばのレーズン
上から下までしっかりチーズケーキ
口の中はチーズとレーズン2人だけの甘い世界

大阪を代表するチーズケーキ。大阪にいくとほぼ必ず買います。そんなりくろーが通販していると知り即お取り寄せ。届いたケーキは旅を物語るように焼きたてより表面のシワ多め。味は変わらないさっぱり軽めな味のチーズケーキ。レーズンがまたいいアクセントなんだ…。もちろん一人でホールペロリですよ。幸せ。これもりくろーの魅力(´ω`)

りくろーおじさんの店 公式オンラインショップ

URL:https://rikuro.cake-cake.net

COLUMN

好きなカレーは？ と聞かれると悩むけれど、落ち着くカレーは我が家のカレー。

ちょっと贅沢に

なにかの記念日？
それとも自分へのご褒美？
普段よりもちょっと奮発した
魅惑の食べ物たち。

フォアグラご飯
レアに焼かれたフォアグラ
わさび
しょうゆ味系和風たれ
ごはん
(ごはん茶わん少な目1杯分位)
ご飯茶わんサイズ
トリュフたまごかけご飯
目の前でスライスしてくれるトリュフ
たまごかけの玉子は卵黄2コ分
下味ついてるからしょう油不要。
(ごはんの量はごはん茶わん少なめ1杯分位)
ご飯茶わんサイズ
わさび
ウニ
キャビア
いくら
具の下は温かいごはん
(酢飯じゃないよ。)
日本酒用ガラスのおちょこ
(3〜4口くらいで完食できるよ)
十番右京のなんかすごいシメご飯たち
Sirottae
ティースプーン
おちょこ丼3個セット

世界三大珍味フォアグラ・トリュフ・キャビア。一度でいいから食べてみたい！という庶民の願望をご飯の上で一気に叶えてくれるお店。食べてもお腹に響かないよう計算された量の上で夢が叶うのです。この店はそう…夢の店…。
なんかすごく豪華でバブリーな体験をさせていただきましたフゥ―！　次は人のお金で食べに行きたい(´ω`)

十番右京

東京都港区麻布十番 2-8-8 ミレニアムタワー B1F
TEL：050-5597-3793

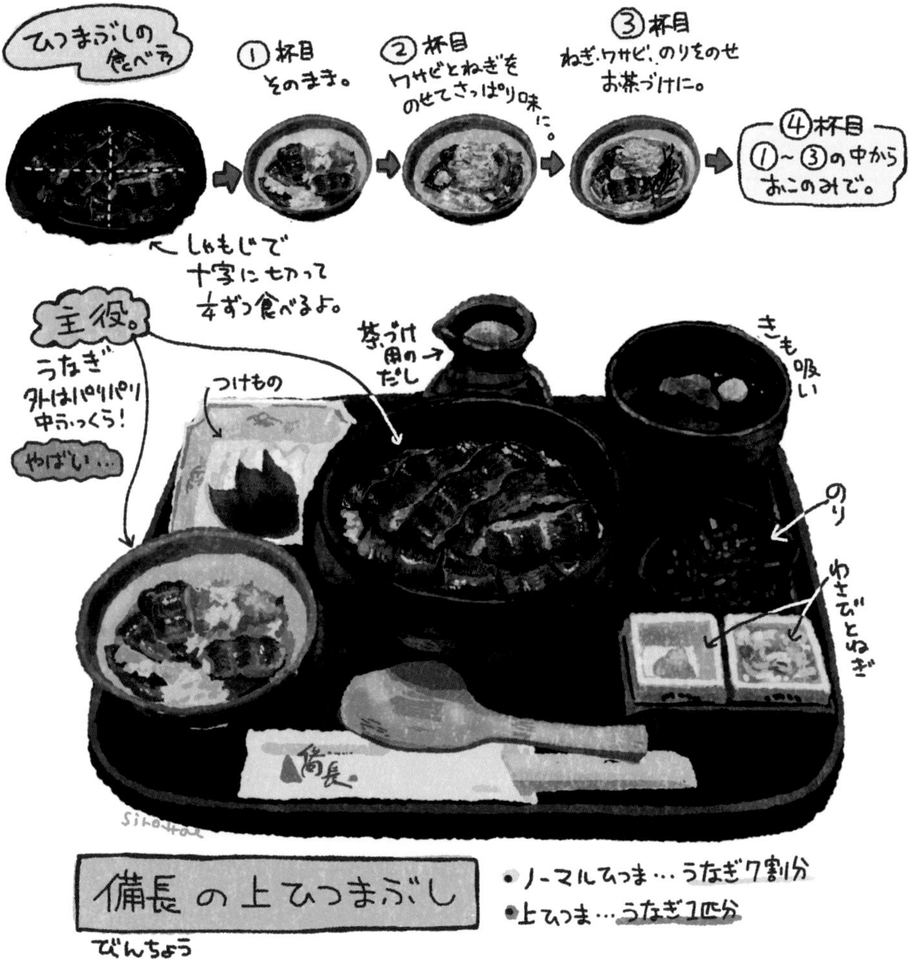

ひつまぶしの食べ方
①杯目
そのまま。
②杯目
ワサビとねぎをのせてさっぱり味に。
③杯目
ねぎ、ワサビ、のりをのせお茶づけに。
④杯目
①~③の中からおこのみで。
しゃもじで十字に切って1/4ずつ食べるよ。
主役。
うなぎ
外はパリパリ中ふっくら!
やばい…
つけもの
茶づけ用のだし
きも吸い
のり
わさびとねぎ
備長《びんちょう》の上ひつまぶし
・ノーマルひつま…うなぎ7割分
・上ひつま…うなぎ1匹分

名古屋在住の方に駅近のひつまぶしオススメ店として教えてもらったお店。関東のふっくらうなぎ蒲焼きしか知らなかった私の舌が驚くパリパリ焼のうなぎ蒲焼き。この食感…すき…。それを3つの食べ方で食べるエンターテインメントごはん！ 名古屋来て良かったー！ と思う味でした。薬味と出汁お代わり自由なの嬉しい。ナゴヤ太っ腹！

ひつまぶし名古屋備長 エスカ店

愛知県名古屋市中村区椿町 6-9 エスカ地下街内

TEL：052-451-5557　　URL：https://www.hitsumabushi.co.jp

深川宿《ふかがわじゅく》の深川めしSet「辰巳好《たつみごの》み」

箸休め
白玉、3つ
黒ごまあん
煮物
・かぼちゃ ・わかめ
・たけのこ
・しいたけ
・ぬたネギ
ぬか漬け
・大根
・きゅうり
白ねぎ
生海苔のお吸いもの
炊き込み深川めし
あさりをしょう油でご飯に
炊き込んだ明治時代からの味。
シンプル。
ぶっかけ深川めし
あさりたっぷり
あさりをネギと味噌でサッと煮立て飯にぶっかける
江戸時代からの味。よくまぜて、かっこむ!

正式メニュー名「辰巳好み」。江戸時代からの「ぶっかけ」明治時代からの「炊き込み」二つの深川めしを一度に食べられるいいとこ取りセット。おかずやお吸い物もついてるから飯の種にも困らない！ 江戸明治時代より深川一帯で食べられていた庶民の味はアサリゴロゴロ栄養満点。江戸っ子は昔から素朴ながら美味しいもの食べてたんだなぁ…。

深川宿 本店

東京都江東区三好 1-6-7

TEL：03-3642-7878　URL：http://www.fukagawajuku.com

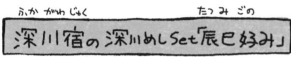

つっしんで食べたくなるうどん
うどん慎《しん》の天かけ(冷)
冷かけつゆ
だしが効いた上品な味
飲み干したい
揚げたて
天ぷら
コシのある
なめらかうどん
麺が長〜い
ねぎ
・エビ×2
・ししとう
・にんじん
・なす・かぼちゃ
どんぶりから直に
長い麺をいっきに
すするのがきもちいい…
sirottae
//トルネードうどん状態//

食べるの大好きな編集さんに教えてもらった行列のできるうどん屋さん。角の立ったコシのあるツヤツヤ長ーいうどんを丼から直に一気にすすれる冷やかけの疾走感。気持ちいい！ たまに天ぷらを食べてまたうどんをすする。天ぷらサクッ麺ズズっ。サクサクッ…ズズズッ。無言で繰り返す。私とうどんと天ぷらだけの空間(ゾーン)が出来上がっていく…。

うどん 慎

東京都渋谷区代々木二丁目二十番地十六号
TEL：03-6276-7816　　URL：https://www.udonshin.com

MARUZEN café のハンバーグ早矢仕《ハヤシ》ライス

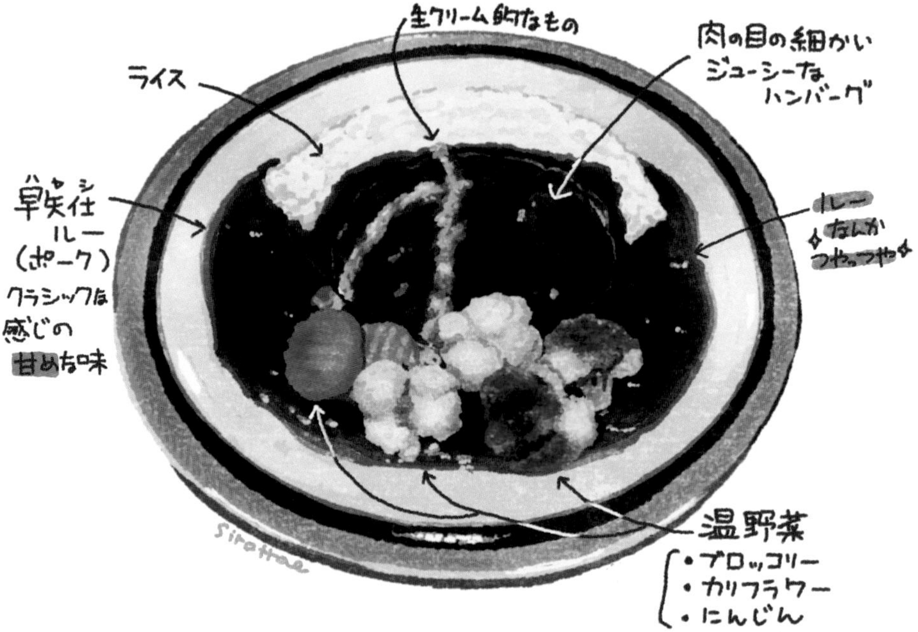
生クリーム的なもの
ライス
肉の目の細かい
ジューシーな
ハンバーグ
早矢仕《ハヤシ》
ルー
（ポーク）
クラシックな
感じの
甘めな味
ルー
なんか
つやっつや
温野菜
・ブロッコリー
・カリフラワー
・にんじん

ハヤシライス発祥と言われるお店の一つ。早矢仕（はやし）さんが作ったからハヤシライスだよ。ストレートなネーミング！「ハヤシのみじゃなんか足りない…」感をハンバーグと温野菜がカバー＆ボリューム増し=満腹満足パワー UP！ ありがとうハンバーグ!! すき！ 肉と飯の罪悪感をなんとなくうやむやにしてくれてる温野菜も！ すき!!

MARUZEN café 日本橋店

東京都中央区日本橋 2-3-10 日本橋丸善東急ビル 3F
TEL：03-6202-0013

フタをあけると
ごはん用炭が!!
(たべる前に
取ってね)
飯ごうごはん
炊き立て
量は1合分。
ごはんツヤッツヤ
冷めてもおいしい
・トリュフ塩
・ゆずこしょう
・にんにくこしょう
肉の味付用だけど
ごはんにかけたり
のせたりしても
イケる!!
牛スジ
カレールー
肉。
とても
おいしい。
金属のお皿
ピットマスターバモス
pit master
VAMOSの
飯ごうごはんと
牛スジカレー他
牛スジゴロゴロ
ごはん

飯盒(はんごう)飯が食べたい。今すぐにだ！ という願いを手ぶらで叶えてくれるお店。飯盒ごはんを！ 食べたくて！ いってきたよ！ 大阪に!! 大人が本気で炊いた飯盒めしは銀シャリふっくらツヤッツヤ。めっちゃ米粒噛みしめました。小学生ぶりくらいに食べたなぁ飯盒ご飯。カレーも牛スジゴロゴロ。プロが作ったキャンプ飯、最高っす…！

ピットマスターバモス

大阪府大阪市福島区福島 8-1-1

TEL：06-7410-7583　URL：http://www.pitmaster-vamos.com

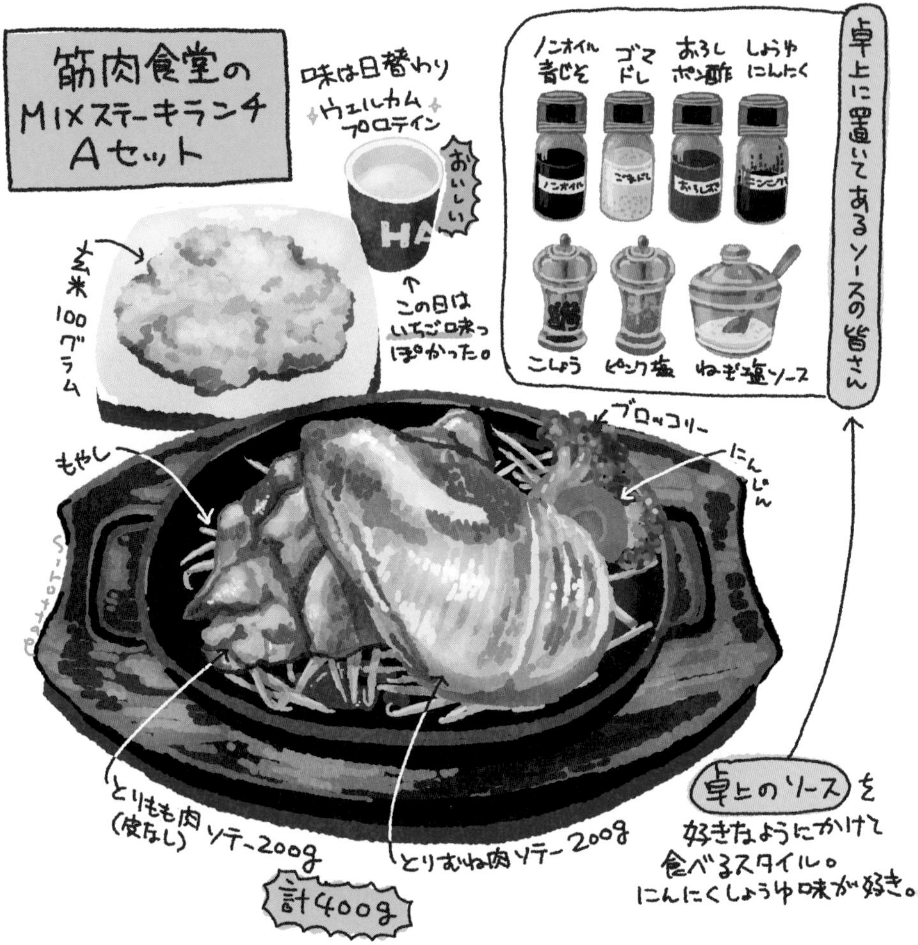
筋肉食堂の
MIXステーキランチ
Aセット
味は日替わり
ウェルカム
プロテイン
おいしい
この日は
いちご味っ
ぽかった。
玄米
100
グラム
卓上に置いてあるソースの皆さん
ノンオイル
青じそ
ゴマ
ドレ
おろし
ポン酢
しょうゆ
にんにく
こしょう
ピンク塩
ねぎ塩ソース
ブロッコリー
もやし
にんじん
とりもも肉
(皮なし) ソテー200g
とりむね肉ソテー200g
計400g
卓上のソースを
好きなようにかけて
食べるスタイル。
にんにくしょうゆ味が好き。

たんぱく質が確実に補給できる食堂のランチ。ウェルカムプロテインドリンクから始まるたんぱく質の宴はメインが来た時最高潮を迎える！ 鶏むねもも肉計400グラムの圧！ 卓上のソースの皆さんを色々試しながら食べているうち気がついたら完食しています。炭水化物が気になる方はキャベツのCセットを！ 食後何となく筋肉が喜んでいるような…？

筋肉食堂 渋谷店

東京都渋谷区道玄坂 1-18-6 秀峰ビル 1F

TEL：03-6416-5929　　URL：http://kinnikushokudo.jp/

あんこを食べてあんこを飲む
トラヤあんスタンド北青山店の
あんほうじ茶(cold)とあんバン
あんほうじ茶(cold)
ほうじ茶がほのかに香る
飲むあんこ。
とろりとしてるけどスルスル
いけちゃう
溶けた氷の
水の層
個人的
好きゾーン
あんほうじ茶の
層
あんバン
北青山店限定
とろぉり
あんペースト
まんじゅうの
ような感じの
バンズ
あたたかい
試食にいただいたケーキ(おいしい)
sirotae

老舗和菓子店のおしゃれあんこカフェのあん尽くし。あんことほうじ茶が一緒に飲める飲み物だけどそこはあんカフェ、飲料と水羊羹のはざまのような濃厚さ。その濃厚さをほうじ茶がさっぱりとまとめてる。ほうじ茶さんすごい。
あんペーストたっぷりほかほかあんバンをほおばりながらスタイリッシュ空間であんこの可能性を味わいました。優雅…。

トラヤあんスタンド北青山店

東京都 港区北青山 3-12-16
TEL：03-6450-6720　　URL：https://www.toraya-group.co.jp/anstand

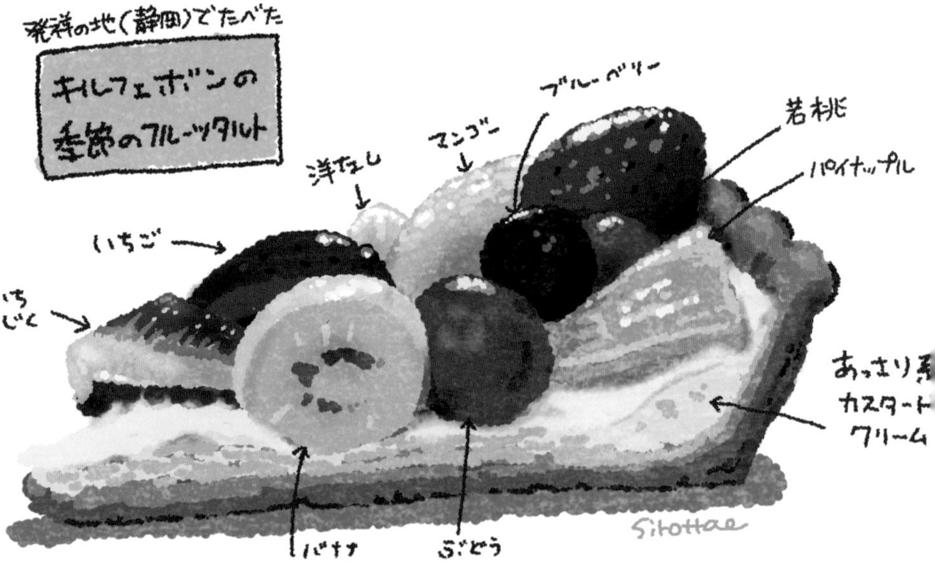
発祥の地(静岡)でたべた
キルフェボンの
季節のフルーツタルト
ブルーベリー
若桃
マンゴー
パイナップル
洋なし
いちご
いちじく
あっさり
カスター
クリーム
バナナ
ぶどう
Sirottae

静岡に住んでいた頃、憧れつつも行かずじまいだったおしゃれタルト屋キルフェボン。この前帰静した際ねんがんの初体験。おいしすぎて滞在中毎日通っちゃったよね…宝石のようにキラキラ光るフルーツ、そして果物の味を引き立てるあっさりカスタードキラキラを食べてしまった…すんごくしあわせ…(´ω`)

キルフェボン 静岡

静岡県静岡市葵区両替町 2-4-15

TEL：054-205-5678　　URL：https://www.quil-fait-bon.com

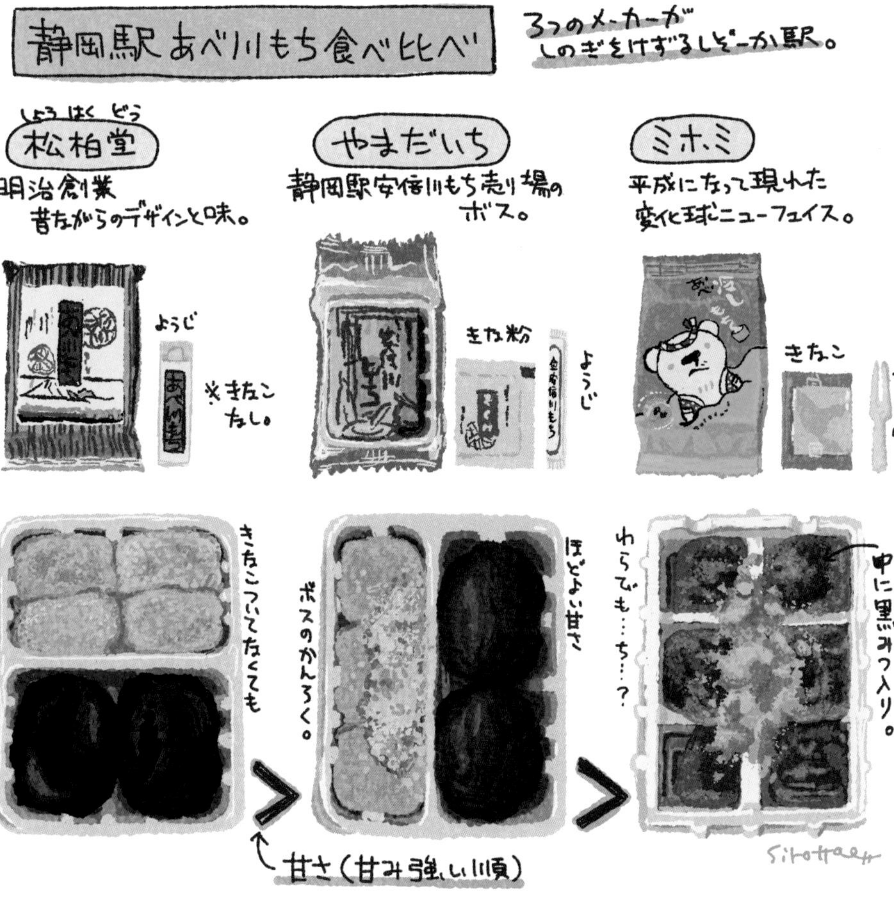
静岡駅あべ川もち食べ比べ
3つのメーカーが
しのぎをけずるしぞーか駅。
松柏堂《しょうはくどう》
明治創業
昔ながらのデザインと味。
やまだいち
静岡駅安倍川もち売り場のボス。
ミホミ
平成になって現れた
変化球ニューフェイス。
ようじ
※きなこなし。
きな粉
ようじ
きなこ
フォーク
しっかりした味。
きなこついてなくても
ボスのかんろく。
ほどよい甘さ
わらびも…ち…?
中に黒みつ入り。
甘さ(甘み強い順)

静岡にいた時「おみやげの安倍川餅って色々あるな」とずっと思っていて、この際だからと静岡駅売店で売ってる安倍川餅で似たような個数入りのものを買って食べ比べてみました。同じような味かなと思いきや、メーカーそれぞれ味に違いがあって「ほほう…」と思いました。(偉そう)しかしミホミの異彩っぷりよ。キミぶっちゃけ、わらびも…いやなんでも…。

安倍川餅食べ比べ

六代目の和菓子 松柏堂本店 静岡県静岡市葵区鷹匠 2-3-7 TEL：054-252-0095

やまだいち http://abekawamochi.co.jp/

ミホミ https://shop-cocco.jp

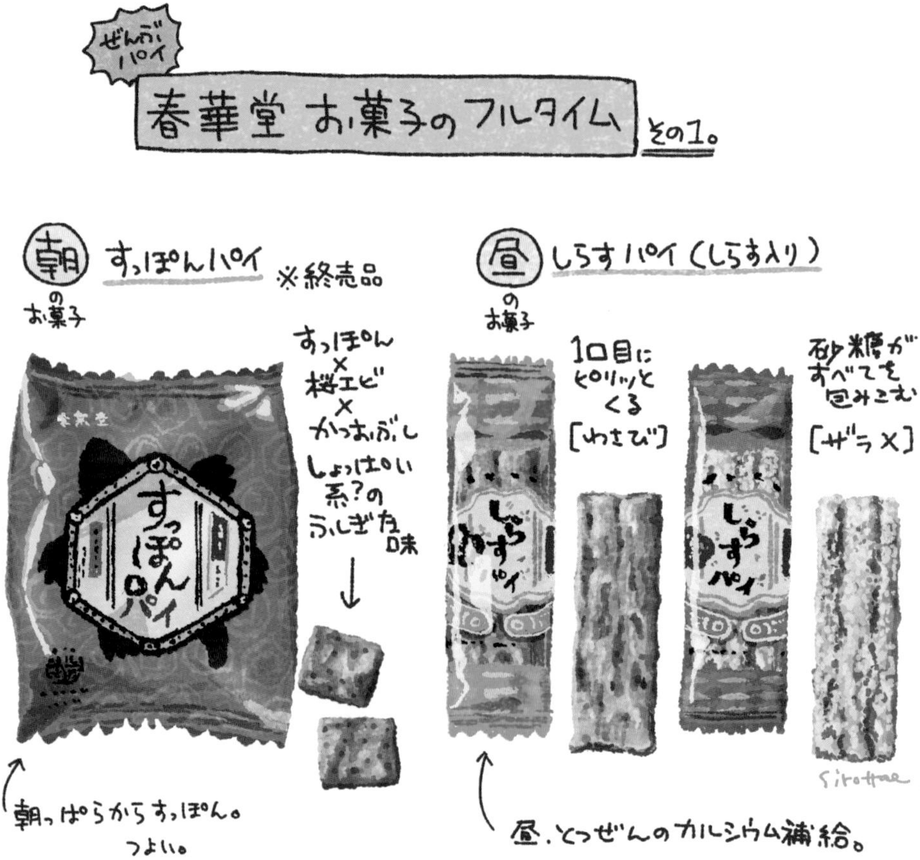
ぜんぶパイ
春華堂 お菓子のフルタイム
その1。
朝のお菓子
すっぽんパイ
※終売品
すっぽん × 桜エビ × かつおぶし
しょっぱい系？のふしぎな味
すっぽんパイ
朝っぱらからすっぽん。つよい。
昼のお菓子
しらすパイ（しらす入り）
1口目にピリッとくる
[わさび]
砂糖がすべてを包みこむ
[ザラメ]
しらすパイ
しらすパイ
昼、とつぜんのカルシウム補給。

夜のお菓子うなぎパイで有名な春華堂。実は夜だけでなく朝・昼・真夜中のお菓子もあるんです。それが「お菓子のフルタイム」24時間春華堂漬け！朝っぱらからすっぽんをキメ、昼にしらすでさりげなくカルシウム補給。春華堂さんスタートから飛ばすなぁ！ ちなみに初代すっぽん菓子はクッキーだった記憶。2代目からパイになりぜんぶパイに！

春華堂本店

静岡県浜松市中区鍛冶町 321-10
TEL：053-453-7100　　URL：https://www.shunkado.co.jp

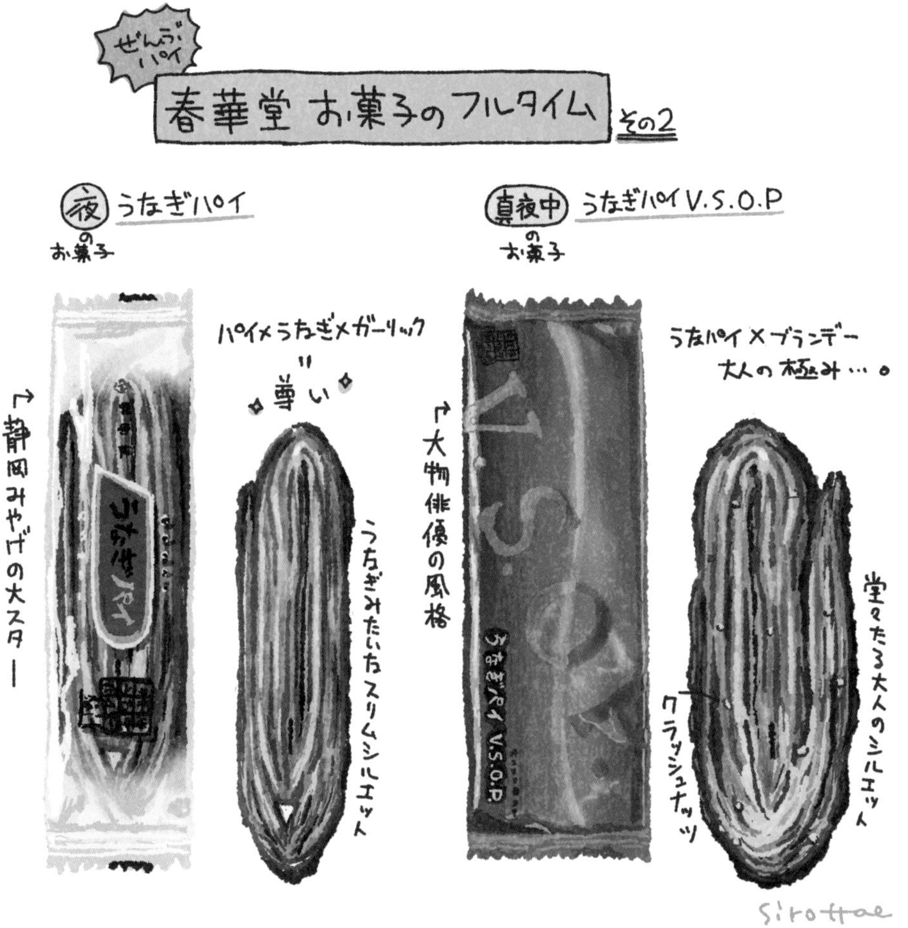
ぜんぶパイ
春華堂 お菓子のフルタイム
その2
夜のお菓子 うなぎパイ
真夜中のお菓子 うなぎパイV.S.O.P
パイ×うなぎ×ガーリック
尊い
↑静岡みやげの大スター
うなぎみたいなスリムシルエット
↑大物俳優の風格
うなパイ×ブランデー
大人の極み…。
堂々たる大人のシルエット
クラッシュナッツ
うなぎパイ V.S.O.P
sirottae

夜のお菓子うなぎパイで有名な春華堂の朝・昼・夜・真夜中揃った「お菓子のフルタイム」夜は静岡みやげのスターうなぎパイ。そんなスターにお酒飲ませてレベルアップしたのが「真夜中担当V.S.O.P」酒がブランデーってのがまた大人な感じ。そして夜が明けすっぽんの朝。昼はしらすパイ。フルタイム春華堂ループがはじまる…！

春華堂本店

静岡県浜松市中区鍛冶町 321-10

TEL：053-453-7100　　URL：https://www.shunkado.co.jp

精進料理 醍《だい》醐《ご》の竹懐石①
①食前ハーブティー
すぐき
(さつま芋のくき)
シャキシャキ!!
ほのかなごまの香り
手作りとうふ
ねぎ
しょうが
しょうゆ
②前菜 竹豆富
③小附
白すぐき
胡麻和え
④お吸物
冷やしとろろ椀
じゅんさい
さらさら
だしとろろ
松茸
秋を
先どり!
青のり
小メロン
うす切り
(甘くない)
⑤お凌《しの》ぎ
7月下旬〜9月上旬は
野菜寿司
しいたけ寿司
ココ
(チラリズム)
ガリ
かんぴょう巻・きゅうり巻、かぐらなんばん、みょうが、しいたけ
そばのおいしい時期は
とろろそば
からし・わさび・青のり
薬味全部
入れて混ぜて
たべる。
からしが合う!
おいしい

本書のトリを飾る食べ物描くなら体に良くて雰囲気の素敵なお店！とこちらにお邪魔させていただきました。人生初の肉魚なし懐石料理。緊張しまくる私の心を精進料理たちが優しくほぐしてくれるぅ…。緊急事態宣言（禁酒令）中のため食前酒がハーブティー！ もうここから健やか。丁寧に料理された野菜たちが胃袋もほぐしてくれるぅ…

精進料理 醍醐

東京都港区愛宕 2-3-1

TEL：03-3431-0811　URL：http://www.atago-daigo.jp

精進料理 醍《だい》醐《ご》の竹懐石②

もずく酢
ほおずきの中に
甘ずっぱい
山桃
オクラちゃんぽ
菊
かぶら
衣かつぎ(里いも)
とうもろこし
新引き揚げ
⑥
八寸《はっすん》
いろいろ
枝豆
九条ねぎ
揚げ
ししとう
賀茂なす
揚げ煮
トロットロ…
揚げのり
揚げなすの油と
つゆをたっぷり
吸ったおろし
禁断の
味
⑦
煮物
賀茂なす
煮おろし
はじかみ
揚げ米
ポップ米
おいしい
もみじ
おろし
⑧
揚物
精進揚げ
白しょうゆ
ベースの
天つゆ
・しらたき大葉巻き
・かぼちゃ
・ヤングコーン
・かぶ
山蘇菜
(さんそさい)

緊張と胃袋をほぐしてくれた「お凌ぎ」から徐々にコースが本気をだしてきます。八寸にうまうましていると大きな！　茄子！　登場！　このボリューム、ステーキクラス…圧倒的茄子…ッ！　やる気を出す我がおなか。そして迎える天ぷら。あっさりサクサクさすが精進料理…あと白滝とかぶとかぼちゃに下味ついてて感動しました。最高です。すき…

精進料理 醍醐

東京都港区愛宕 2-3-1
TEL：03-3431-0811　URL：http://www.atago-daigo.jp

精進料理 醍《だい》醐《ご》の竹懐石③

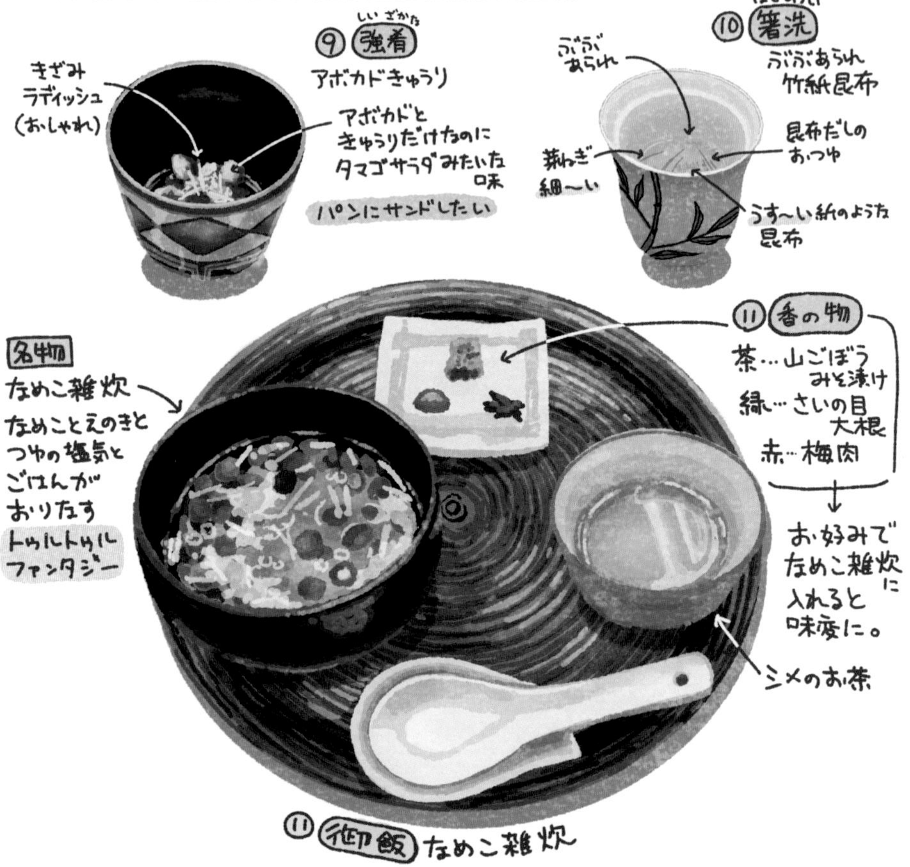
⑨強肴《しいざかな》
アボカドきゅうり
きざみ
ラディッシュ
(おしゃれ)
アボカドと
きゅうりだけなのに
タマゴサラダみたいな
味
パンにサンドしたい
⑩箸洗《はしあらい》
ぶぶあられ
竹紙昆布
ぶぶ
あられ
葱ねぎ
細〜い
昆布だしの
おつゆ
うす〜い紙のような
昆布
⑪香の物
茶…山ごぼう
みそ漬け
緑…さいの目
大根
赤…梅肉
お好みで
なめこ雑炊に
入れると
味変に。
シメのお茶
名物
なめこ雑炊
なめことえのきと
つゆの塩気と
ごはんが
おりなす
トゥルトゥル
ファンタジー
⑪御飯 なめこ雑炊

茄子と天ぷらで(油的に)最高潮を迎えたコース、徐々にエンディングへ。アボカドきゅうり？ 君タマゴサラダかな?? パンに挟んで食べたい。名物なめこ雑炊、あっさりツルツル軽めのシメ飯…と見せかけて一気にお腹いっぱいにしてくるご飯。物足りないとは言わせない！ なめこから意思と圧を感じました。受け入れますとも！ 満腹万歳！

精進料理 醍醐

東京都港区愛宕 2-3-1
TEL：03-3431-0811　URL：http://www.atago-daigo.jp

精進料理 醍《だい》醐《ご》の竹懐石④

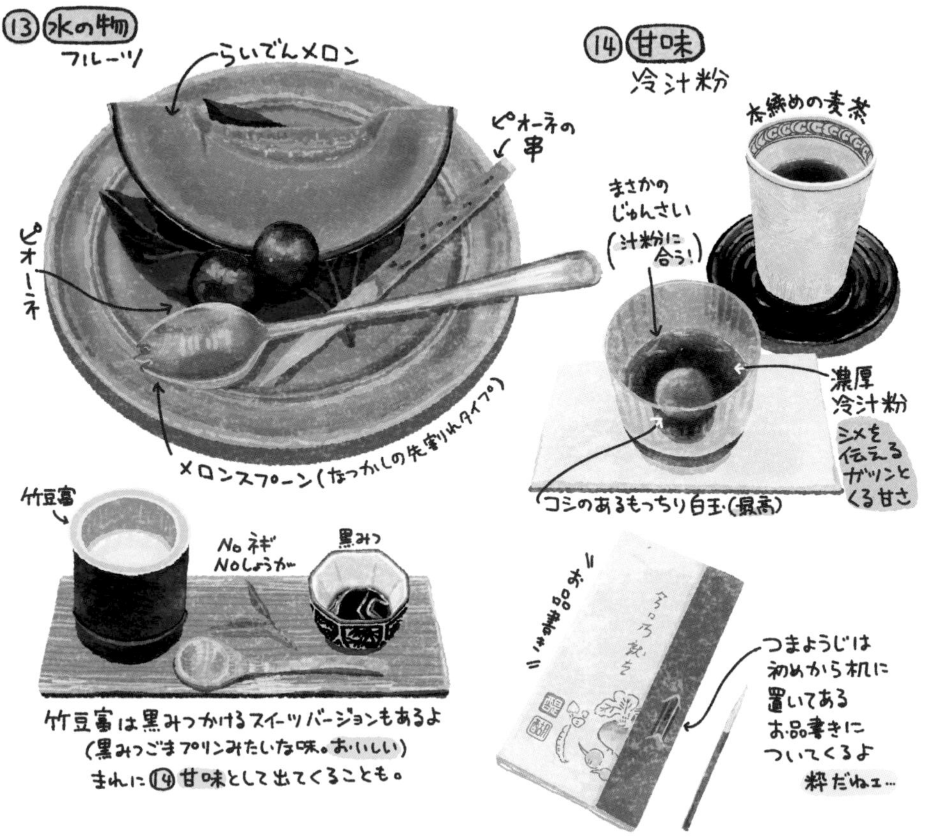
⑬水の物
フルーツ
らいでんメロン
ピオーネの串
ピオーネ
メロンスプーン(なつかしの先割れタイプ)
⑭甘味
冷汁粉
本締めの麦茶
まさかのじゅんさい
(汁粉に合う!)
濃厚冷汁粉
シメを伝えるガツンとくる甘さ
コシのあるもっちり白玉(最高)
竹豆富
No ネギ
No しょうが
黒みつ
竹豆富は黒みつかけるスイーツバージョンもあるよ
(黒みつごまプリンみたいな味。おいしい)
まれに⑭甘味として出てくることも。
〃お品書き〃
つまようじは初めから机に置いてあるお品書きについてくるよ
粋だねェ…

なめこ雑炊で満腹になったおなか。満腹になると欲しくなるものそうそれは甘いもの。醍醐さんはフルーツ＆甘味の甘い物2連！ みずみずしいフルーツを満喫した後ガッツリな甘さでコースのピリオドを売ってくる冷汁粉。ああ…満たされたァ…肉魚なくてもこんなに満たされるなんて…新しい世界を教えてくれてありがとうありがとう醍醐さん…

精進料理 醍醐

東京都港区愛宕 2-3-1
TEL：03-3431-0811　URL：http://www.atago-daigo.jp

索引

あとがき

この「おなかがすくほん」は食べ物イラストをまとめた同名の同人誌より厳選＋描き下ろしを加えできあがった本になります。

「上手い」よりも「美味い」食べ物を描く！という気持ちと共に、実際に食べておいしかったものやグッときたものを描き続け、今ではそれがライフワークになりました。

食べることが大好きです。
目の前にある食べ物を何も考えずただ無心になって食べる。うまい。だんだんお腹がいっぱいになってくると心もいっぱいになってくる。そんな瞬間が幸せです。
満たされてきてあぁ幸せ…生きててよかった。と、いつも思います。

そんな食べ物たちのおいしかった時の気持ちを絵に留めたい、と思い描き始めたことが食べ物イラストを描くきっかけでした。

絵を描いていると、あのお肉はジューシーだったなぁとか、あのフルーツの煌めきは甘くてみずみずしい宝石のようだったなぁなどなど…あの時の味をもう一度味わっているような気持ちになります。２度おいしい。２度幸せ。

絵だけでは抑えきれない気持ちを込めたコメントと一緒に、それぞれの食べ物たちへの熱を感じていただけたら幸いです。そして、この本をきっかけに、実際に食べたりお店に足を運んでいただいて、私が感じた「おいしい」や「グッときた」など食べている時のワクワクを共有できたらとても嬉しく思います。

最後に、いつもおいしい食べ物を作ってくださる飲食店様・メーカー様、この本を出すきっかけを作って下さった担当編集Ｍさん、素敵なデザインにまとめて下さったデザイナーさん、忙しい中サポートしてくれた家族、そしてこの本を手に取っていただいたあなたに感謝いたします。

この本が楽しい食べ物ライフのお役に立てますように。

ご覧いただき本当にありがとうございました！

2021年10月　白山たえ

白山たえ

くいしんぼうイラストレーター　静岡県出身、東京都在住。
イラスト業の傍ら、おいしかった食べ物を描いて発表しているうちに
それがお仕事になりました。

日本中のおいしいものを食べ歩いて絵にすることが夢。

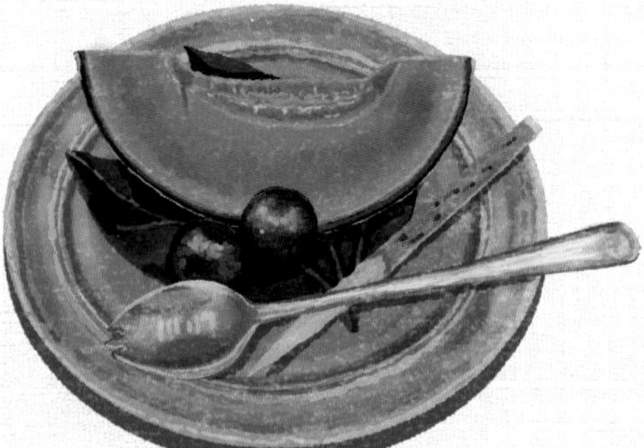

おなかがすくほん

2021年10月1日 初版発行
著　者　白山たえ
発行人　松下大介
発行所　株式会社ホビージャパン
〒151-0053　東京都渋谷区代々木2-15-8
電話 03(5304)9117(編集)
03(5304)9112(営業)

印刷所　株式会社廣済堂

乱丁・落丁(本のページの順序の間違いや抜け落ち)は購入された店舗名を明記して当社出版営業課までお送りください。送料は当社負担でお取り替えいたします。但し、古書店で購入したものについてはお取り替え出来ません。

Printed in Japan
ISBN978-4-7986-2611-6 C0076